山区现代水利自动化与信息化系统

贵州省水利科学研究院　张和喜　王永涛　李军　等 编著

U0238280

中国水利水电出版社

www.waterpub.com.cn

·北京·

内 容 提 要

本书介绍了贵州山区现代水利自动化与信息化系统的实施背景与意义以及应用现状与发展趋势，提出了系统建设的主要内容及目标，完成了系统总体设计与详细设计。本书重点讲述了系统上位机、下位机硬件的设计与选型，并应用快速成形技术对外壳进行了设计与制作；同时介绍了系统主要设备的选型与配置、太阳能供电功率核算、灌溉系统软件及控制策略、主要作物灌溉制度研究、系统试验验证及应用示范等内容。

本书可供山区水利自动化与信息化设计、施工与监理人员参考和学习。

图书在版编目（CIP）数据

山区现代水利自动化与信息化系统 / 张和喜等编著
. -- 北京 ： 中国水利水电出版社，2017.9
ISBN 978-7-5170-6025-3

Ⅰ．①山… Ⅱ．①张… Ⅲ．①山区－水利建设－自动化系统－研究－中国②山区－水利建设－信息化建设－研究－中国 Ⅳ．①TV-39

中国版本图书馆CIP数据核字(2017)第273372号

书　　名	**山区现代水利自动化与信息化系统** SHANQU XIANDAI SHUILI ZIDONGHUA YU XINXIHUA XITONG
作　　者	贵州省水利科学研究院　张和喜　王永涛　李军　等 编著
出版发行	中国水利水电出版社 （北京市海淀区玉渊潭南路1号D座　100038） 网址：www.waterpub.com.cn E - mail：sales@waterpub.com.cn 电话：（010）68367658（营销中心）
经　　售	北京科水图书销售中心（零售） 电话：（010）88383994、63202643、68545874 全国各地新华书店和相关出版物销售网点
排　　版	中国水利水电出版社微机排版中心
印　　刷	北京九州迅驰传媒文化有限公司
规　　格	184mm×260mm　16开本　12.75印张　279千字
版　　次	2017年9月第1版　2017年9月第1次印刷
印　　数	0001—2000册
定　　价	**78.00元**

前　言

近年来，党中央、国务院和水利部从治国安邦和实现中华民族伟大复兴的战略高度，从党和国家事业发展的全局出发，对水利工作作出了全面部署，动员全党、全社会大兴水利，加快实现水利改革发展新跨越，着力推动中国特色水利现代化建设。水利自动化与信息化是水利现代化的重要基础和标志，是引领和带动水利现代化的重要措施。因此，当前和今后的一个时期，加快推进水利自动化与信息化建设，支撑和保障水利改革发展，促进并带动水利现代化，是一项事关水利发展全局的重大战略任务。

贵州省委、省政府高度重视信息化工作，坚持全面贯彻落实党的精神，按照党中央以信息化带动工业化、以工业化促进信息化，走新型工业化道路的战略部署，"十五"以来相继对信息化发展重点进行了部署，启动了"金"字工程，作出了推行电子政务、加强信息资源开发利用、振兴软件产业、加强信息安全保障、加快发展电子商务等一系列决定。紧紧围绕贵州省国民经济和社会发展的总目标，全面推进全省国民经济和社会信息化。各地区、各部门从实际出发，认真贯彻落实，不断开拓进取，全省信息化建设取得了可喜的进展。

水是农业的命脉，也是国民经济的基础产业。没有水利现代化作支撑，农业现代化就举步维艰。2014 年 8 月以来，贵州山区现代水利试点区项目本着"先行先试"的原则，以水利自动化与信息化为手段，大数据与水利云平台为支撑的贵州山区现代水利试点区项目建设快速推进，体现水利建设的新思路、新举措和新的水利改革发展方向。

贵州山区现代水利以水利现代化引领农业现代化，建成了国内先进水平的现代高效水利云平台管理系统，是集气象监测、土壤墒情监测、水肥一体化、高效节水灌溉系统管网、用水量计量及水费征收的远程控制和管理、水泵自动启闭及远程控制等多要素为一体的大数据系统。此系统以云计算为手段，实现了智能化灌溉、精量化施肥、无人化管理，降低了水利管理的运行成本，提高了节水效率和农村经济组织和群众的经济效益。

实施的贵州山区现代水利试点区项目围绕水利工程"建设、管理、养护和使用"等环节实现了理论探索和创新。但需要总结"贵州山区现代水利"

值得总结推广的经验，只有在不断总结的基础上，才能寻找出适应贵州水利发展的新路子。通过本书，进一步提升总结系统工程孕育的深刻内涵，形成更多可复制、可推广的经验总结，凸显贵州山区现代水利试点区项目在贵州省水利发展改革工作中呈现的新亮点，进一步探索农业水利发展新路径，为下一步在全省推广和复制提供重要的技术支撑。

本书由贵州省水利科学研究院张和喜、王永涛、李军、蒋毛席、付杰编著，参加编著的还有贵州省水利科学研究院雷薇、周琴慧、刘浏、胡玥和毛玉姣，贵州大学李家春、卢剑锋和陈跃威，重庆交通大学的杨璐瑶，沈阳农业大学基本建设处张宁宁，贵州省科技信息中心弓晓锋以及贵州省农业职业学院黄翠等，在此一并表示感谢！

由于作者的水平、时间和经费所限，本书介绍的成果仅是贵州山区现代水利自动化与信息化建设成就的主要方面，对许多问题的认识和研究还有待进一步深化，错误和不足之处敬请专家、同行、学者批评指正！

作　者

2016 年 12 月于贵阳

目　录

第1章 绪 论

1.1 系统的背景与意义

1.1.1 系统的背景

水是生产之要、生态之基、生命之源。对水资源的高效利用、合理开发和有效保护，关系我国经济社会的可持续发展。我国水资源利用中存在的主要问题之一是水资源短缺与浪费并存。我国农业灌溉用水占总用水量的 67％ 左右，是节水潜力最大的领域。在农业领域中，灌溉用水大多采用人工管理，盲目性较大，水资源管理和区域配置不够合理，浪费非常严重。先进的农业节水自动化灌溉设施和信息化管理系统仅仅停留在理论研究阶段和示范点的建设阶段，大面积推广和应用不足。同时现有灌溉设施和新产品种类较少，难以适应灌溉需求；灌溉形式单一，灌溉用水量无法满足作物自适应需求，不利于作物的优质、高产；坡地高低不平，喷灌设备难以应用；部分地区供电设施匮乏和用电困难，难以实现灌溉自动化。

水利自动化与信息化系统属于水资源管理与高效技术领域。党中央、国务院高度重视水资源管理问题，近年来采取了一系列重大战略举措切实推动水资源管理工作。2011年《中共中央 国务院关于加快水利改革发展的决定》和中央水利工作会议明确提出实行最严格水资源管理制度，把严格水资源管理作为加快转变经济发展方式的重要举措。2012 年《国务院关于实行最严格水资源管理制度的意见》对实行最严格水资源管理制度作出了全面部署和具体安排，明确了最严格水资源管理制度用水总量控制、用水效率控制、水功能区限制纳污"三条红线"和相关制度措施要求。党的"十八大"把生态文明建设纳入中国特色社会主义建设总体布局，把实行最严格水资源管理制度作为生态文明建设的重要内容，提出要通过加强水源地保护和用水总量管理，推进水循环利用，建设节水型社会；通过完善最严格水资源管理制度，全面促进资源节约，大幅降低能源、水、土地的消耗强度，提高利用效率和效益。

2013 年，党的十八届三中全会对资源环境等领域的改革提出了明确要求，将水资源管理、水环境保护、水生态修复、水价改革、水权交易等纳入生态文明制度建设重要内容，明确了改革的要求。2013 年，国务院发布了《实行最严格水资源管理制度考核办法》，明确了实行最严格水资源管理制度的责任主体与考核对象，以及各省（自治区、直辖市）水资源管理控制目标，标志着我国最严格水资源管理责任与考核制度的正式确立。2014 年，水利部、发展和改革委员会等十部委联合印发了《实行最严格水资源管理制度考核工作实施方案》，全面启动了实行最严格水资源管理制度考核工作。

2015年3月，习近平总书记在中央财经领导小组第五次会议上就我国水安全战略发表了重要讲话，提出"节水优先、空间均衡、系统治理、两手发力"的治水新思路，以系统思维统筹推进智能节水灌溉发展，准确把握节水优先的根本方针，充分发挥智能灌溉的先进作用，促进农业节水增效；同时把握空间均衡的重大原则，统筹考虑农业生产和工业化、城镇化以及生态环境用水需求，通过智能灌溉、智能决策提高用水效率，提升水资源、水生态、水环境的承载能力；其次是要把握系统治理的思想方法，把智能灌溉、智慧农业作为当前水利改革的重大举措，系统谋划治水、兴水、节水、管水各项工作。

水利部党组高度重视，积极谋划，狠抓落实，认真贯彻落实中央关于推进水资源管理工作的重大决策部署，各级水资源管理部门开拓创新，全力实施。2012年，水利部印发了《落实〈国务院关于实行最严格水资源管理制度的意见〉实施方案》，细化了工作任务，落实措施要求，明确责任分工。2013年，水利部印发了《关于加快推进水生态文明建设工作的意见》，对水生态文明建设进行了全面部署，并启动了水生态文明项目工作。2014年1月，水利部印发了《关于深化水利改革的指导意见》，再次明确要求落实和完善最严格水资源管理制度。2014年，水利部联合有关部委联合印发了《水利部、国家发展和改革委员会、工业和信息化部、财政部、国土资源部、环境保护部、住房和城乡建设部、农业部、审计署、统计局关于印发〈实行最严格水资源管理制度考核工作实施方案〉的通知》，正式明确了考核工作的具体方案。

水利自动化与信息化系统同时也属于农业现代化技术领域。2015年2月1日，中央发布《关于加大改革创新力度加快农业现代化建设的若干意见》，其主要内容有：加快转变农业发展方式；加大惠农政策力度促农民增收；深入推进新农村建设；全面深化农村改革；加强农村法治建设等方面。其中指出要"加快大中型灌区续建配套与节水改造，加快推进现代灌区建设，加强小型农田水利基础设施建设""大力推广节水技术，全面实施区域规模化高效节水灌溉行动""建立全程可追溯、互联共享的农产品质量和食品安全信息平台""强化农业科技创新驱动作用，加快农业科技创新，建立农业科技协同创新联盟，依托国家农业科技园区搭建农业科技融资、信息、品牌服务平台。支持农机、化肥、农药企业技术创新"等发展要求。

中共贵州省委十一届二次全会提出推进"5个100工程"重点发展平台建设，其中包括100个现代高效农业示范项目区建设。贵州省第十二届人民代表大会第一次会议通过的《政府工作报告》指出，要重点打造100个现代高效农业示范项目区。到2017年，100个现代高效农业示范项目区实现规划设计科学、产业特色鲜明、基础设施配套、生产要素集聚、科技含量较高、经营机制完善、产品商品率高、综合效益显著，成为做大产业规模、提升产业水平、促进农民增收、推动经济发展的"推动器"和"发动机"。

贵州现代山地高效农业示范园区是现代农业的展示窗口，是农业科技成果转化的孵化器，是生态型安全食品的生产基地，是现代农业信息、技术、品种的博览园，是提高农村经济效益和农民收入的必然选择。现代农业项目区以环境优美、设施先进、技术领先、品种优新、高效开放为特点，代表现代和谐农业的发展方向，是实现社会主义新农村建设的亮点工程。但总体而言，贵州现有山地种植技术落后、管理制度不健全、灌溉方式粗放、效率低下、资源浪费严重等问题与目前国家迫切的土地需求、新建大型农田灌区节水灌溉智能化的需求日益矛盾。山地灌溉一直是制约贵州农业发展大步向前的一个瓶颈，山地水资源缺陷和水利设施配套不完善等问题尤为突出，发展以智能灌溉技术为核心的现代农业技术体系意义重大。

贵州省委在 2014 全省半年经济工作会议上指出，滴灌、喷灌等节水农业技术特别适用于山区，要大力推广滴灌、喷灌等节水技术，发展山地现代高效农业。贵州省 2015 年《政府工作报告》和贵州农业工作会议在部署 2015 年"四大"重点任务时，都明确规定：大力发展以绿色有机无公害为标准的现代水利自动化与信息化技术、大力推广水肥一体化技术、大力发展农业领域电子商务、促进 100 个现代高效农业示范园区增产增效等。

贵州省也相应出台了《贵州省人民政府关于实行最严格的水资源管理制度的意见》（黔府发〔2013〕27 号）、《省人民政府办公厅关于印发〈贵州省实行最严格水资源管理制度考核暂行办法〉的通知》（黔府办函〔2014〕88 号）。为进一步贯彻落实相关文件精神，促进全省最严格水资源管理制度体系的确立，充分发挥水资源费成为开展水资源管理工作重要资金来源支撑的作用，贵州省水利厅发出了《省水利厅关于做好省级水资源项目储备工作的通知》，要求各水行政主管部门围绕最严格水资源管理制度建设和水生态文明建设内容，建设规范严格的水资源管理体系，确保水资源开发利用和节约保护主要目标的实现，积极开展水资源费项目的储备工作。

1.1.2　系统的意义

人多水少、水资源时空分布不均，与生产力布局不相匹配，是我国的基本国情和水情。随着我国人口的不断增长、经济持续快速发展、工业化和城镇化进程的不断加快以及人民生活水平的逐步提高，长期以来形成的水资源过度开发、粗放利用、污染严重、生态退化的状况仍未得到根本改善。特别是在全球气候变化和人类活动的双重因素制约下，水资源问题已成为制约经济社会可持续发展的主要瓶颈。

水利自动化与信息化技术是一个多种学科交叉、多种高科技领域综合的技术体系，它涉及力学、水利工程、农业工程、机械工程、化学工程与技术、材料科学与工程、作物学、农业资源利用、控制科学与工程等 10 多个学科及水利、土壤、作物、化工、气象、机械、计算机等多个行业研究领域和应用。经过多年探索和实践，我国在水源开发与优化利用技术、节水灌溉工程技术、农业耕作栽培节水技术和节水管理技术等方面基本形成了适合我国经济情况和农业特点的节水灌溉技术体系，节水灌溉技术日趋成熟，大面积推广上达到了经济性可接受程度。但是，节水灌溉技术还存在一定不足，在技术创新方面还需进一步突破。体现在信息化领域具体为要综合应用卫星定位技术、遥感技术、计算机控制技术和自动测量技术，及时掌握区域作物需水精确变化数据，适时确定需水量和时间，按作物需水规律优化供水方案。体现在灌溉设施生产领域具体为加强高效低耗灌溉产品新材料及生产工艺设备的研究。

贵州拥有得天独厚的地理优势，是建立绿色无公害农产品生产基地的理想场所，但贵州传统山地农业普遍存在自动化程度低、水肥一体化水平落后、水资源利用率低、信息化普及程度低等问题，导致贵州农业处于全国落后的局面。

因此，要想抓住发展机遇，改变现状，当务之急是必须在贵州尽快开展现代山地农业智能灌溉关键技术研发与示范，从山地智能节水灌溉和施肥应用等现代农业技术研究入手，达到节约用水、节约肥料、节约劳动力等目的，提升水、肥利用率，提高土地产出率，提高农民收入和农业综合效益等目标，并逐渐推广，形成规模化应用与示范，通过互联网信息平台和大数据技术，打造绿色农产品、特色经济作物的全生育期控制与追溯，推动贵州现代水利自动化与信息化技术发展，构建全国性山地现代高效农业示范。

物联网技术是在互联网的基础上发展起来的一种信息交换和通信网络技术，该技术通过各种信息传感设备以达到通过互联网对各种物品进行智能化管理、识别和监控等能力。随着农业技术中智能化和精确化设备的发展，各种智能传感仪器、嵌入式微处理器等设备逐渐投入到农业领域中，加快了物联网技术在农业中的应用。例如，在农田中布置无线传感器网络以及一些自动化智能化设备可以实现远程对农田信息的实时监测和控制，保证农作物的科学合理生长，大大减少了各种人力资源的消耗，改变了传统农业生产方式，提高了农业发展的速度。此外，各种物联网技术在农业中的应用，对于提高农作物的品质和产量、改善农作物生长环境、提高对自然灾害的抵御能力以及保证种植土壤的产出率等都有明显的帮助。农业物联网技术在农业领域中的应用逐渐成为新时代农业现代化水平的标志。各国通过发展物联网技术在农业中的应用，已达到对传统农业技术的升级，并为各国农业技术之间的交流提供了更高层次的平台。

在农业物联网技术领域已经开展了不少项目的研究，例如，对土壤墒情的监测并建立农作物专家系统，可指导农作物的耕种方式；对粮食生长过程的信息监测，能为粮情监管部门提供有效数据进行分析，从而制定粮食安全保护政策；对农业大棚环境实现自动化管理和对土壤温度、湿度的监测，实现智能灌溉功能，有利于发展大棚种植物经济；通过物联网共享平台技术的发展以及智能手机技术的应用，农民可以使用智能手机实时获取农作物生长过程中的指导信息以对农作物进行管理，也可以使用计算机在室内进行对种植物的灌溉、施肥等环节的自动化管理，并可以使用不同的管理方式获取不同品质的种作物。随着国家对物联网研发的重视，开展对物联网中关键问题的研究和突破相关技术难点，都有助于加速物联网技术在实际过程中的应用。

农业物联网技术中仍然存在以下相关难点：

（1）农业领域智能传感器的成本问题。目前，应用于农业环境中采集各种墒情的传感器和信息传输设备价格比较昂贵，例如，若按批量（100万个）采购，每个应用在农产品供应链上的电子标签售价约为 14 美分/个，还不包括配套基础设施（射频识别技术阅读器等）的建设。并且大部分农产品的本身价值并不高。因此，目前射频识别技术（RFID）仅仅实施在某些价值很高的农产品上，尚不能推广到所有环节。

（2）传感设备和控制系统的功耗问题。在大规模的农产品种植场所铺设各种传感设备以及自动化装置需要提供电能，例如，在农田搭建无线传感器网络就需要布置大量的传感器节点，由此带来的分布式电源供应问题则日益突出。因此如何降低各传感设备的功耗问题将是发展农业物联网技术的难点。

（3）大量农业信息传输和汇聚问题。农业物联网技术具有信息量大、时效性强等特点。若要实现对农业监测区域的各种信息采集，就需要大量的传感器节点。例如，在农田布置 ZigBee 微处理器时，就需要布置各种传感器节点、中间节点、汇聚节点，汇聚节点和中间节点，需要汇集大量的传感数据，而这些微控制器在数据计算、数据存储以及数据通信领域均存在局限性。因此，如何管理各种数据的高效传输和提高各监测仪器的协作性等问题都需要进行更深层次的研究。

通过以上对农业物联网技术的分析以及贵州农业现状的特点可以看出，在物联网技术飞速发展的新时代，作为科研院所与高校应该加强关于物联网技术与本地实际农业发展的协作研究。本系统结合国内外各农业设施生产单位研发的农业装备特点，研发适宜本地的农业发展设施，建设喀斯特坡地地区农业物联网技术试验基地。通过结合国际农业物联网技术的发展动态，实现促进农业技术由传统技术过渡到物联网技术的阶段，综合提高喀斯特坡地地区农业技术的管理水平。本系统同时针对农业、园林及烤烟等作物灌溉的特点，在充分吸取消化国外节水前沿技术的基础上，对节水灌溉的关键技术、装备和产品进行系列化和产业化研究，以微灌、喷灌和渗灌、滴灌为重点，构建"贵州山区现代水利自动化与信息化系统"新技术体系，研发新体系下新型节水灌溉自动化设备和产品，构建自适应节能节水灌溉示范基地，促进贵州省农业节水领域自动化、精确化等技术水平的提高和跨越式发展，实现节约能源、劳动力、水资源的目标，为实现贵州省农业现代化提供技术支撑。具体来说，系统应用高效太阳能与光机电一体化、比例积分微分（PID）、模糊控制等技术，研制节水节能的全自动灌溉设备，以解决园林、农业自动控制程度低、用电不便和管理、维护困难等问题，实现园林、农业的高效节能节水与自动化灌溉。

系统以国内水利自动化与信息化技术的技术问题破解需求为导向，引进、吸收国外水利自动化与信息化技术的技术优势，结合我国现代山地农业灌溉和特色农作物的水肥需求等特点进行集成创新，突破发达国家的技术堡垒，在实现水肥一体化关键装备国产化、大幅降低成本的同时，提高产品性能，形成一批拥有自主知识产权，并进行应用和示范，达到辐射影响周边的应用示范效果，实现节水、节地、节肥。同时，结合高效灌溉新技术、新产品，运用信息技术、生物技术促进农作物产量和质量的提高，保障特色农产品和食品的安全及质量，提升特色农产品和食品市场竞争力，对于推动贵州省农业现代化的进程十分必要。

1.2 系统应用现状与发展趋势

1.2.1 国外应用现状

国外节水灌溉自动化发展较早，水平较高。美国在 1996 年开发了 Agrimate 自动灌溉系统，集灌区雨量监测、水池水位监测、水泵启停、变频调速、阀门开度等信息采集和自动控制于一体，并与决策支持的数据库系统配合使用。目前，该系统已在农业生产中发挥重要作用。日本几乎所有灌区都实行自动化动态管理。以色列的农业管理者在家中就可以完成农业灌水时间、灌水量的远程控制，还可根据灌溉历史数据分析未来作物的需配水规律，水资源的利用效率很高。这些国家目前广泛应用计算机控制、模糊控制和神经网络控制等技术，控制精度、智能化程度和可靠性不断提高，操作也越来越简便。

发达国家都把发展节水高效农业作为农业可持续发展的重要措施，始终把提高灌溉（降）水的利用率、作物水分的生产效率、水资源的再生利用率和单方水的农业生产效益作为研究重点和主要目标。从最早的水力控制、机械控制，到后来的机械电子混合协调式控制，再到目前广泛应用的计算机控制、模糊控制和神经网络控制等，控制精度和智能化程度越来越高，可靠性越来越好，操作也越来越简便，其中比较有代表性的国家有美国、以色列、澳大利亚等。

1. 在节水灌溉方面

（1）美国。高效节水农业灌溉技术的发展取决于国家的政策。美国对农业采取强有力的保护政策，联邦以及州政府都尽可能地降低农业生产成本，比如水价，美国主体水利工程，诸如水库、主干渠道等的投入都由政府承担，且工程建成后，不计入水成本，因此美国的农业水价不高。

美国农业灌溉的节水主要是针对输水、灌水、田间 3 个环节，地面灌溉特别强调通过提高田间入渗均匀度，实现节水，同时做到输水管道化。地面灌水技术在美国农业灌溉中占主导地位，60% 以上的农业灌溉采用这种灌水技术，其方法主要有沟灌、畦灌。美国的沟灌与畦灌是经过技术改良的，它融合了现代最新技术成果与科研成就，所以传统的灌溉方法在美国仍然具有较高的科技含量。无论是沟灌还是畦灌，其田间大部分都是采用管道输水，水通过管道直送沟、畦，因此，输水过程的水损失相当少。田间通过应用激光平整、脉冲灌水、尾水回收利用等技术，灌水均匀度很高，水流均匀入渗，从而提高了灌水效率。输水防渗、田间改造以及相应的配套设备，构成了美国地面灌溉节水的 3 个核心内容。

美国特别重视微灌系统的配套性、可靠性和先进性的研究，将计算机模拟技术、自控技术、先进的制造成模工艺技术相结合开发出了高水力性能的微灌系列新产品、微灌系统施肥装置和过滤器。喷头是影响喷灌技术灌水质量的关键设备，世界主要发达国家一直致力于喷头的改进及研究开发，其发展趋势是向多功能、节能、低压等综合方向发展。美国先后开发出不同摇臂形式、不同仰角及适用于不同目的的多功能喷头，具有防风、多功能利用、低压工作的显著特点。

从世界范围看，美国在灌溉农业中，25％的玉米、60％的马铃薯、32.8％的果树采用水肥一体化技术。

在水管理节水技术方面，美国将作物水分养分的需求规律和农田水分养分的实时状况相结合，利用自控的滴灌系统向作物同步精确供给水分和养分，既提高了水分和养分的利用率，最大限度地降低了水分养分的流失和污染的危险，也优化了水肥耦合关系，从而提高了农作物的产量和品质。美国已大量使用热脉冲技术测定作物茎秆的液流和蒸腾，用于监测作物的水分状态，并提出土壤墒情监测与预报的理论和方法，将空间信息技术和计算机模拟技术用于监测土壤墒情。

（2）以色列。真正的计算机控制灌溉源于以色列，该国最初把自动化控制技术应用到灌溉中的原因是：一方面，以色列是一个极其缺水的国家，从自然条件上讲必须发展节水农业；另一方面是出于安全的考虑，以色列人想通过自动化控制技术在家里控制农田灌水，减少由于武装冲突带来的危险。最初的灌溉控制器是一个简单的定时器，这可以看做是灌溉控制自动化的第一阶段。随着控制技术、传感器及水的发展，以色列开发了现代诊断式控制器，这种控制器通过不同的传感器获得以前不能采集到的信息，通过互联网、远程控制、全球移动通信系统（GSM）等来实现数据传输，然后通过计算机中的一些模型来处理信息，做出灌溉计划。

以色列主要采用滴灌和喷灌系统，每个系统都装有电子传感器和测定水、肥需求的计算机，操作者在办公室内遥控，且施肥和灌溉可同时进行。滴灌系统是通过塑料管道和滴头将水直接送至需水的作物根部，可以用少量的水达到最佳的灌溉效果，减少了田间灌溉过程中的渗漏和蒸发损失，使水、肥利用率达到80％～90％，农业用水减少30％以上，节省肥料30％～50％。在缺水的地区，滴灌能使荒地、废地变成高产区。此系统不但适合于年降雨量特别少和无雨，但却有相对大量的水源如自流井或河流的地区，也适用于那些雨量充足的地区。滴灌可以经济地利用水，并降低生产成本。滴灌系统适用于干旱地区、雨量充足的地区以及气候恶劣、广泛应用塑料大棚和温室的地区。目前，以色列全国有25万 hm^2 的灌溉面积已全部实现喷灌、滴灌化。

以色列90％以上的农业实现了水肥一体化技术，从一个"沙漠之国"发展成了"农业强国"。

（3）澳大利亚。澳大利亚土地资源丰富，但严重缺乏水资源，主要水源为河水和水库。农业区均沿着河流分布，水资源是灌溉农业的命脉。在农业节水灌溉技术方面，首先是改进地面灌溉技术，提高用水效率，如渠道管道化、精确平地、土壤水分含量自动测定等。大力推行节能省水的滴灌和微喷技术，所有新建果园必须采用滴灌灌溉方式，喷灌向节能、节水方向发展。

在水管理节水技术方面，目前澳大利亚已将 3S［遥感技术（RS）、地理信息系统

（GIS）和全球定位系统（GPS）〕和信息管理技术应用于农业灌溉，这包括在水分监测、水分利用评估、管理风险及水资源利用对环境和自然资源的影响等方面的应用，如通过土壤水分监测，分析土壤水分状况和作物需水情况，确定适宜的灌溉时间、灌水定额，以提高水利用率。

2. 在农业互联网方面

美国和欧洲在农业资源监测和利用领域主要利用资源卫星对土地利用信息进行实时监测，并将其结果发送到各级监测站，进入信息融合与决策系统，实现大区域农业的统筹规划。例如，美国加州大学洛杉矶分校建立的林业资源环境监测网络通过对加州地区的森林资源进行实时监测，为相应部门提供实时的资源利用信息，为统筹管理林业提供支撑。

在农业生态环境监测领域，美国、法国和日本等一些国家主要综合运用高科技手段构建先进农业生态环境监测网络，通过利用先进的传感器感知技术、信息融合传输技术和互联网技术等建立覆盖全国的农业信息化平台，实现对农业生态环境的自动监测，保证农业生态环境的可持续发展。例如，美国已形成了生态环境信息采集-信息传输处理-信息发布的分层体系结构；法国利用通信卫星技术对灾害性天气进行预报，对病虫害进行测报。

在农业生产精细管理领域，省大田粮食作物种植精准作业、设施农业环境监测和灌溉施肥控制、果园生产不同尺度的信息采集和灌溉控制、畜禽水产精细化养殖监测网络和精细养殖等方面在美国、澳大利亚、法国、加拿大等一些国家应用广泛。例如，2008年，法国建立了较为完备的农业区域监测网络，指导施肥、施药、收获等农业生产过程；荷兰 VELOS 智能化母猪管理系统在荷兰以及欧美许多国家得到广泛应用，能够实现自动供料、自动管理、自动数据传输和自动报警；泰国初步形成了小规模的水产养殖互联网，解决了 RFID 技术在水产品领域的应用难题。

国外在农业环境监测技术上的研究一直领先于中国，其中最具有历史革命意义的是1949 年在美国加州的帕萨德那技术中心美国植物学家与园艺学家温特建立了世界上第一座"人工气候室"，这个人工气候室能够采集现场信息并进行显示、记录，能够控制环境中光照、温度、土壤湿度和气体成分。目前世界各国的温室控制技术发展迅速，一些国家已经实现了自动化，并在此基础上又朝着完全智能化、无人化的方向发展。

一方面，以计算机作为代表的信息技术不断发展与普及，使自动化智能化水平不断提高。例如，日本将各种作物不同生长发育阶段所需要的环境条件输入计算机程序，这样，当其中任一环境因素发生改变时，其余因素即可根据计算机程序自动作出相应的调整或修正，使各个环境因素随时能够处于最佳配合状态。又比如，以设施园艺著称的荷兰，其先进的鲜花生产技术闻名世界，荷兰用于培植鲜花的玻璃温室全部由计算机操作。希腊 Loukfarm 公司研制的温控系统由三部分组成，包括即控制气候状况的计算机、营养液控制系统和气象站，该系统连接到装有控制软件的计算机，可以对数据的采集处理进行远程控制，这里由机电设备来保证控制温室单元环境参数的精确性和有效性。此外，一些国家如奥地利、美国、日本等已经拥有世界上最高科技的植物工厂，其采用完全封闭的生产形式，既可以自动控制也可人工控制，但基本以计算机控制为主，利用机器人或机械手进行播种、施肥、采收等。

另一方面，无线通信技术的迅速发展使农业技术与无线相结合，不断扩展新技术。英国 Wireless System 公司研究推出了一系列无线通信监控设备，针对分布较分散广阔的花园温室系统、加热和通风控制系统、储藏室无线霜冻警报系统、便携的无线电视系统、远程无线洒水系统等。美国霍尼韦尔和美新半导体公司联合搭建的无线传感器平台，在每个温室都组建一个无线传感器网络，网络中采用不同的传感器测量节点和具有简单执行控制的节点，其中节点用来测量土壤湿度、土壤成分、pH 值、温度、空气土壤湿度、气压、光照强度和 CO_2 浓度等数据，以便知道温室中的环境状况，同时将生物信息获取方法应用于无线传感器节点，为对温室环境进行适当的调控提供科学依据。温室控制现在正向着规模化集约化的方向发展，通信技术的迅猛发展为其提供了重要的支撑。目前许多高效的温室环境控制管理系统都与通信技术相结合，成为普遍应用的方式。国外利用先进的嵌入式技术，结合 GPS、GIS 技术和通信技术已经开发出一系列成熟的产品，广泛应用于远程监控、农业监测等各行各业。

1.2.2 国内应用现状

中国在节水灌溉自动化系统方面的研究总体水平不高，还处于研制和探索阶段。目前，使用的大多数节水灌溉自动化系统都是引进国外技术，未充分考虑中国国情，无法充分发挥它的优势，且价格和维护成本较高，长期投入和大规模使用的较少。国内研制的控制器控制对象较为单一，功能还不够完善，稳定性还有待提高。

中国研制了地面监测站和遥感技术结合的墒情监测系统，建立了农业部至各省、重点地县的农业环境监测网络系统等一批环境监测系统，实现了对农业环境信息的实时监测。例如，中国每年通过农业环境监测网络开展农业环境常规监测工作，获取监测数据10 万多个；融合智能传感器技术的墒情监测系统已在贵州、辽宁、黑龙江、河南、江苏等省推广应用。

最近 10 年来，中国农业产生了提高设备装置水平的要求，伴随着中国逐步实现自动化的脚步，温室控制技术发展的突出表现也令人眼前一亮。中国近代温室在 20 世纪30 年代便初见端倪，一直到 20 世纪 70 年代末和 80 年代初大规模的温室生产才开始普及，之后在温室配套设施的生产、科研和普及等各个方面得到了较大的进步。近年来，中国可控环境农业展开了大量信息技术研究和应用，基本以环境控制、信息采集、系统模拟为主线，这对提高可控环境农业的技术含量，促进升级换代起到了重要作用。"十五"期间，以一些高校或科研院所为代表，例如中国农业科学院、中国科学技术大学、国家农业信息化工程技术研究中心即北京农业信息技术研究中心等，在计算机系统软硬件的综合控制、温室专用类型传感器及温室作物模拟系统研究开发方面花了大量心血。

中国农业科学院农业环境与可持续发展研究所可控环境农业试验室联合开发研制了

基于互联网和 RS－485 总线的温室环境监控系统，该系统采用 ASP. NET 技术规范构建了 Browser/Server （B/S） 模式下的远程监控系统。经过实际应用，该系统取得了一批具有自主知识产权的技术产品和科研成果，使中国可控环境农业综合控制与管理水平得到较大的提高。

中国农业大学研制的温室环境监控系统包括主控微机、温室机和室外气象站三大部分。其中，主控微机用于控制机房，统一管理整个系统，包括完成各种系统参数的设置、控制算法的实现、控制命令的生成、测试数据的记录、查询、打印等功能。系统在每个独立的温室都放置一套监控设备，包括 1 台温室机、控制设备和摄像镜头，可以将温室内作物的生长状况实时发送到监控现场，以实现对温室环境的监测控制。

从传输技术方面来看，目前农业参数的采集大都采用有线网络或无线网络的方式。

（1）有线网络方式。作为一个发展中国家，中国硬件设施不够完善，通信相对落后，且大多温室环境地域范围较小，无需太多监测点，因此，利用有线网络方式进行监测仍是不少地区应用的主要方式。但随着农业技术的飞速发展，出现了很多大型的温室，一些连栋温室面积可达上万平方米，监测点数量也成百上千。各地越来越多的大型植物园也将植物栽培与观光业结合起来，占地更广，也更加注重外观的构建，利用有线方式获取农业信息的局限性就越来越明显。农业环境一般地处偏僻，通信落后，有线方式成本高昂，布线烦琐，造成实际实施能力弱，应用性较低。

（2）无线网络方式。无线通信的迅速发展以及物联网的出现都为组建无线网络提供了重要的支持。基于若干传感器组建的无线网络在工业、农业等领域中也逐渐成为研究的热点方向。无线网络具有组网方便、成本投入低、效率高等诸多优点，更适合分布广泛、地形偏僻的农业环境，将越来越智能化、自动化的农业技术与通信技术相结合是科技发展的必然趋势，在实际中具有广泛的应用价值。

1）农业灌溉自动化与信息化存在的问题。中国农业灌溉用水占全国总用水量的 67％左右，是节水潜力最大的领域，节约灌溉用水对我国实施可持续发展战略具有重要意义。目前，多数灌区存在严重的用水不足问题，究其原因，在于管理体制陈旧、水的利用率不高以及节水意识不强，使得灌区农田不能在有限的灌溉用水的前提下，获得最高的农作物产量，取得最高的经济效益。因此，在灌区发展自动控制节水灌溉技术是非常必要的。而且随着中国农业现代化进程的加快、农业结构的调整，中国对农业灌溉自动化技术的要求会越来越高。

高效节水灌溉技术在中国的推广应用仍然非常滞后。中国各地水资源缺乏矛盾日益突出，发展高效节水灌溉技术成为现代农业发展的重要方向，国内灌溉技术经过 20 年的发展，已形成一定规模，但与国外相比，国内采用喷灌、微灌和管道输水等先进节水灌溉技术的比例还很低，其中喷灌、微灌面积不足全国有效灌溉面积的 5％，同时存在着节水灌溉设备质量差、配套水平低，技术创新与推广体系不健全等问题。全国有效灌溉面积 95％以上的地面灌溉普遍存在着土地平整精度差、田间工程不配套、管理粗放的问题。灌溉用水管理技术落后，信息技术、计算机技术、自动控制技术等高新技术在灌溉用水管理的应用还很少。

未来时期,中国水资源缺乏的趋势依然严重,农业节水形势严峻,节水灌溉需求潜力巨大,节水灌溉技术发展前景广泛。目前中国农业灌溉水利用系数仅为 0.47,比发达国家 0.8 的利用系数低出近一半,提高农业灌溉水利用率任务艰巨。中国节水灌溉工程面积达到 3.52 亿亩,占全国农田有效灌溉面积的 40.7%,而欧美等国则达 80% 以上。《国家农业节水规划(2012—2020)》提出,到 2020 年,全国农田有效灌溉面积达到 10 亿亩,新增节水灌溉工程面积 3 亿亩,其中新增高效节水灌溉工程面积 1.5 亿亩以上;全国农业用水量基本稳定,农田灌溉水有效利用系数达到 0.55 以上;全国旱作节水农业技术推广面积达到 5 亿亩以上,高效用水技术覆盖率达到 50% 以上。在目前"水荒"蔓延以及政策大力推动水利事业大发展的背景下,节水灌溉为未来水利建设的主导力量,需求潜力巨大。

2)水肥一体化存在的问题。近年来,《中共中央国务院,关于加大改革创新力度加快农业现代化建设的若干意见》一直强调推进农业现代化建设,提出必须加速我国肥料结构调整,促进土壤生态用肥,努力发展新型肥料。中国由于过度施肥造成的土壤污染十分严重,目前全国土壤污染总超标率为 16.1%,耕地点位超标率为 19.4%,不平衡施肥和过量施肥造成的农田中微量元素下降和盐渍化是土地污染的重要原因。此外,中国目前每年缺水约 500 亿 m^3,其中约 400 亿 m^3 为农业缺水,每年都因干旱缺水造成农业减产。面对中国农业发展出现的缺水、化肥使用不合理问题,农业部指出应大力推广应用水肥一体化技术。

水肥一体化技术是利用管道灌溉系统,将肥料溶解在水中,同时进行灌溉与施肥,适时、适量地满足农作物对水分和养分的需求,实现水肥同步管理和高效利用的节水农业技术。该技术既能实现水、肥资源同步高效利用,又能达到既节水又增产的双重目标,是发展现代农业的重要途径。

3)互联网农业应用存在的问题。随着设施农业快速发展和装备大量使用,各种农业设施装备的问题日益突出,事故隐患增加。全方位对泵房、滴灌设备、土壤墒情、气象信息、生产状况及病虫害等进行实时监测乃至视频等手段的全面监测仍很落后。

在农业生产过程中普遍缺乏土壤墒情监测、环境信息采集、水肥总量控制等技术,无法为高效农业提供智能分析和科学决策,也无法为农产品质量安全提供保障。

农业生产中,农业专家配置不足,科技培训难组织等问题突出。农情预警信息传播效率低,如发生大范围的气象灾害、虫灾、疫情之前,无法向农民集中发布即时的农情预警信息、提醒农民做好灾前的防护措施及灾后的修复指导。

以上种种问题都显示尽快开展水利自动化与信息化技术的研究的迫切性。21 世纪世界性农业科技革命风云兴起,农业高科技广泛应用,现代农业蓬勃发展,世界各国农业得到快速发展。中国在耕地和水资源缺乏的双重约束下,要保障粮食安全,提高农业的国际竞争力,就要加速发展现代农业,依靠科学技术,破解耕地和水资源紧缺的瓶颈,提高资源特别是水资源的利用率,实现农业高产优质高效的目标。农业节水灌溉是新形势下农业发展的迫切需求，推广节水灌溉技术前景光明，任务艰巨，意义重大。

1.2.3 发展趋势

现代网络技术、控制技术、移动通信技术的发展与普及使得目前农业可控环境研究的重点放到了如何能够更高效地监测和控制农业环境上来，如何更进一步提高农业生产全过程信息化水平也成了人们重视的焦点。农业环境监测的重要研究方向主要有以下方面：

（1）作物模型以及作物模型结合农业设施智能控制的研究。当前研究作物模型都是基于作物生长环境的监控，它主要以温室智能控制的应用为目标。作物模型可分为经验模型和机理模型，它能够反映出作物生长环境对其生长状况的影响。作物模型作为精准农业的基础，在农业自动化生产中占有重要的地位。温室控制系统的目标是实现全自动的智能控制，所以建立作物模型并用环境参数加以描述，再结合作物的生长模型，建立完整的控制策略和解决方案，以最终达到目标。

（2）多因子控制。很多环境参数会出现较强的耦合性，特别是土壤温湿度、光照度、空气中气体浓度等。所以多因子控制可以克服单一环境要素不够全面的缺点，以提高环境综合控制效果。

（3）与互联网和无线通信技术（GSM/GPRS）相结合的远程监控系统。今后监控系统的发展方向是要将农业环境监测系统与互联网、无线通信技术相结合，这也十分具有实际意义。

（4）农业信息智能化管理。农业环境系统是个非常复杂的系统，其中包含许多子系统，各个子系统之间又是相互制约、错综复杂的关系，故需要用复杂系统理论来提供新概念、新方法来实现其系统控制，用以解决其不精确性、不确定性、强耦合性、非线性等各类问题。

（5）引入智能化与知识工程等方法，用以形成不同形式的简单实用的控制结构和算法。近年来，应用在以下方面发展迅速：

1）控制理论与方法不断更新并得到了广泛应用。如 SPA（Speaking Plant Approach）和 VPD（Vapor Pressure Deficit）控制方法、粒子群算法、小波理论、支持向量机、人工神经网络、模糊逻辑等非线性技术逐渐被应用到自动控制理论研究领域。控制方法已发展到神经网络和模糊控制、自适应控制等，智能化程度、控制精度及可靠性越来越高，易于操作且成本较低。

2）与农业现代管理相结合，集成性与智能性不断提高。开发具有专家系统参与决策、指导的精确农业和智能管理系统。系统能实时按照作物需水、需肥的量，自动完成无人值守的农业现代化管理，同时系统执行严格的水管理制度，成为区域农业节水和供配水中心。

3）充分利用现代高新技术。开发综合性的节水灌溉自动化及信息化系统，集土壤墒情、气象远程监测、干旱预警等多种功能于一体。充分应用地理信息系统（GIS）、全球定位系统（GPS）、无线通信、微波通信、卫星遥感、互联网等技术，能够提供决策、预警预报、抗灾减灾等方面的内容。

1.3 系 统 主 要 内 容

（1）在广泛试验的基础上进行深入探索，调研喀斯特坡地灌溉应该考虑的因素，探索作物需水规律。

（2）针对贵州省喀斯特坡地农业园林用电不便、布线烦琐的困难，将太阳能应用到节水灌溉系统中，构建和完善"太阳能自适应滴态节水灌溉"技术体系，为开发实用性强的设备和产品提供理论和技术基础。

（3）针对目前灌溉产品自动化程度低的不足，将机电一体化技术和嵌入式技术、无线通信技术结合，综合比较研究了可编程逻辑控制器（PLC）、移动便捷控制器以及计算机等控制方案，开发出一套全新的控制系统。该控制器下位机是以单片机为核心的节点控制器，上位机是以 ARM9 为核心的中央控制单元。该系统实现了园林、农业的高效节能节水自适应灌溉。

（4）运用无线通信技术和现代控制理论，开发多通道无线传感器网络，集作物信息采集、监测、传输、决策功能于一体的作物灌溉精量控制设备，解决了目前灌溉盲目性较大，无法按照作物需求灌溉的问题。

本 章 小 结

本章系统地介绍了山区现代水利自动化与信息化系统的背景、意义，比较研究了国内外应用现状与发展趋势，明确了系统主要建设的内容。

第 2 章 系 统 关 键 技 术

2.1 数 据 库 技 术

20 世纪 60 年代后期，伴随着计算机硬件、软件的快速发展，计算机的运行速度不断提高、内存容量越来越大，为数据库技术的产生奠定了良好的基础。数据库技术在短短的几十年时间里，有了巨大的发展。当今世界，数据库技术与信息技术息息相关，几乎所有与信息有关的计算机技术都有所应用，发展速度十分迅速，超过了许多其他技术。

2.1.1 SQL Server 数据库

SQL（Structured Query Language）是一种结构化查询语言。可以通过 SQL 语言完成同其他数据库建立连接来实现数据信息沟通，完成多源异构数据的交换。Microsoft SQL Server 2005 数据库平台通过集成的商业智能（BI）工具实现企业级的数据管理，它的本质是一个较为全面的数据库平台。关系型数据库和结构化数据库通过 Microsoft SQL Server 2005 数据库平台引擎来实现更加可靠和安全的存储功能。它可与 Visual Studio 2008 实现有效整合，具有 . NET 框架主机、XML 技术、ADO. NET 2.0 版本、增强的安全性、Transact - SQL 的增强性能、Web 服务、报表服务等特点。

在大规模联机事务处理（OLTP）中通常选用 Microsoft SQL Server 2005 数据库平台，它同时也是用于电子商务应用的数据库平台。数据集成、分析和报表解决方案的商业智能平台也选用 Microsoft SQL Server 2005 数据库平台。

目前，访问数据库服务器的主流标准接口主要有开放数据库连接（Open Database Connectivity，ODBC）和动态数据对象（Active Data Object，ADO）等。

1. ODBC

ODBC 是由微软公司定义的一种数据库访问标准，它是微软公司开放服务结构（Windows Open Services Architecture，WOSA）中有关数据库的一个组成部分。ODBC 的主要组成部件有：①应用程序（Application）；②ODBC 管理器（Administrator）；③驱动程序管理器（Driver Manager），在 ODBC 中，它是至关重要的部件，主要实现 ODBC 驱动程序的管理；④ODBC 应用程序接口（Open Datebase Connectivity，ODC）；⑤ODBC 驱动程序，主要由一些动态链接库文件（DLL）组成，ODBC 与数据库的接口功能由它来完成；⑥数据源，其实质是对数据连接的抽象，由数据库位置和数据库类型等构成数据源信息的主要内容。

ODBC 在支持 SQL 语言的数据库连接上具有良好的效果，贵州山区现代水利自动化与信息化系统将其作为数据库连接方式之一。

2. ADO

ADO 是一种简单的对象模型，可以用来处理任何 OLE DB 数据。可以由脚本语言或高级语言调用。ADO 对数据库提供了 API，几乎所有语言的程序员都能通过 ADO 来使用 OLE DB 的功能。ADO 通过 OLE DB 来存取数据。

ADO 中包含了 7 种独立对象，有记录对象（Recordset）、链接对象（Connection）、域对象（Field）、命令对象（Command）、参数对象（Parameter）、属性对象（Property）、错误对象（Error）等。

2.1.2 关系数据库系统

常用的关系操作主要有选择（Select）、投影（Project）、连接（Join）、除（Divide）、并（Union）、交（Intersection）、差（Difference）等，以及查询（Query）操作和增加（Insert）、删除（Delete）、修改（Update）操作两大部分。其中最主要的部分是查询的表达能力。

2.1.3 数据模型

数据库系统的核心和基础是数据模型，它具有数据联系和描述数据两方面的功能，也包括完成描述数据的结构以及定义在其上的操作和约束条件等内容。

在数据库中，为了满足不同的应用目的和使用对象，通常采用多级数据模型，一般可以分为概念数据模型、逻辑数据模型。

1. 概念数据模型

概念数据模型与数据库管理系统没有关系，主要是对具体单位的概念结构进行描述，它的数据模型是面向用户和现实世界的。在初始的设计阶段，数据库设计人员无需考虑数据库系统的一些技术问题，而以了解和描述现实世界方面作为研究重点。

2. 逻辑数据模型

逻辑数据模型是对概念数据模型的进一步分解和细化，按照逻辑模型分类，数据库管理系统可分为网状关系模型、面向对象模型以及层次模型。在网状关系模型中，逻辑数据模型使用较为普遍。

2.1.4 数据库系统设计方法

数据库应用系统设计是数据库系统设计（或数据库设计）的主要内容，它是在具备了系统软件、数据库管理系统（DBMS）、操作系统和硬件（含网络）的环境后，开发人员在这一环境的支持下，充分应用各种开发工具，设计出满意的数据结构，编写相应的数据处理程序。数据库系统设计方法主要有直观设计法、规范设计法和计算机辅助设计法。系统采用的是规范设计法。

1. 直观设计法

直观设计法通常也称为手工试凑法，它的缺陷是完全依赖于设计者的经验和技巧，与设计者的技术水平和经验有很大关系，因此设计的质量难以保证。目前一般不采用直观设计法。

2. 规范设计法

规范设计法的主要思想是逐步求精和过程迭代，它也称为新奥尔良法（New Orleans），它将数据库设计划分为需求分析（分析用户要求）、概念设计（信息分析和定义）、逻辑设计（设计实现）、物理设计（物理数据库设计）和数据库调试、评价与维护 5 个阶段。图 2.1 所示为规范设计法的设计流程。规范设计法是目前得到公认的、较完整、权威的数据库设计方法。

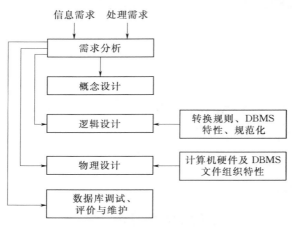

图 2.1 规范设计法的设计流程

3. 计算机辅助设计法

Sybase 公司的 PowerDesigner、Oracle 公司的 Design 2000、CA 公司的 ERWin、Rational 公司的 Rational Rose、Microsoft 公司的 Vision 等，称为 CASE（计算机辅助软件工程，Computer Aided Software Engineering），用这些工具进行数据库系统设计的方法称为计算机辅助设计法。

2.2 并发控制与恢复机制

贵州山区现代水利自动化与信息化系统采用的是事务管理中的锁机制进行并发控制。事务就是对数据库进行读和写的序列。事务有两个明显的特性，即原子性和可串行性。

1. 数据库的并发控制

考虑采用数据库的并发控制的目的是为了实现多个事务对数据库的某个公共部分进行同时存取的自动控制。

（1）冲突与冲突解决、可串行性冲突的表现。当两个事务同时对表中数据进行修改就会发生冲突。当事务读操作时，又有一事务进行写操作，也会发生冲突。可以将事务进行可串行化调度来解决冲突。

（2）基于锁机制的并发控制。系统允许在写操作只有一个的前提下，一定数目的任务对同一个表进行读操作，所以引入两种锁，即共享锁和排他锁。

2. 恢复机制

为防止因软硬件故障导致的事务中断，贵州山区现代水利自动化与信息化系统使用事务恢复机制。此系统有两种基于事务日志的恢复方案，即重做和撤销。考虑到贵州山区现代水利自动化与信息化系统的实现要求和运行情况，作者主要采用了 UNDO 日志，这种方法要求将包含更新了的对象页在事务结束时存入服务器。

2.3 公钥密码系统技术

在系统的安全性方面，贵州山区现代水利自动化与信息化系统采用的是 Blum－Goldwasser 概率公钥密码系统。这种密钥系统是一种通过引入随机序列发生器产生一系列随机序列构成明文或密文，从而达到加密的目的，以提高系统的安全性。

2.3.1 Blum－Blum－Shub 随机序列发生器

设 $n＝pq$，p、q 是两个 $k/2$ 位的素数，满足

$$p＝q＝3 \bmod 4 \tag{2.1}$$

记 $QR(n)$ 表示 n 的平方剩余，种子 s_0 是 $QR(n)$ 的一个元素。

对于 $1 \leqslant i \leqslant t$，定义

$$s_{i+1}＝s_i^2 \bmod n \tag{2.2}$$

产生的随机序列为

$$f(s_0)＝(z_1, z_2, \cdots, z_t) \tag{2.3}$$

其中

$$z_i＝s_i \bmod 2, k、t \in Z, n \in N$$

式中 f 称为 Blum－Blum－Shub 随机序列发生器，简称 BBS 随机序列发生器。

2.3.2 Blum－Goldwasser 概率公钥系统

设 $n＝pq$，p、q 满足

$$p＝q＝3 \bmod 4 \tag{2.4}$$

明文空间
$$P＝Z_2^m \tag{2.5}$$

密文空间
$$C＝Z_2^m Z_n^* \tag{2.6}$$

密钥
$$K＝\{(n, p, q): n＝pq\} \tag{2.7}$$

式中 n——公钥；

　　p、q——私钥。

（1）对于种子 $r \in Z_n^*$，加密算法如下：

1）利用种子 r，通过 BBS 随机序列发生器产生随机序列 z_1，z_2，…，z_m，计算

$$s_{m+1}＝s_p^{2^{m+1}} \bmod n \tag{2.8}$$

当 $1 \leqslant i \leqslant m$ 时，有

$$y_i＝(x_i＋z_i) \bmod 2 \tag{2.9}$$

序列 $y_i＝(y_1, y_2, \cdots, y_m, s_{m+1})$ 就是密文，加密完成。

（2）解密算法如下：

1）计算

$$a_1 = \left(\frac{p+1}{4}\right)^{m+1} \mathrm{mod}(p-1) \tag{2.10}$$

$$a_2 = \left(\frac{q+1}{4}\right)^{m+1} \mathrm{mod}(q-1) \tag{2.11}$$

$$b_1 = s_{m+1}^{a_1} \mathrm{mod} p \tag{2.12}$$

$$b_2 = s_{m+1}^{a_2} \mathrm{mod} q \tag{2.13}$$

2）根据中国剩余定理计算出 s_0，使得

$$\begin{cases} s_0 = b_1 \mathrm{mod} p \\ s_0 = b_2 \mathrm{mod} q \end{cases} \tag{2.14}$$

3）由 $s_0 = r$ 通过 BBS 随机序列产生器产生序列 z_1，z_2，$\cdots$，z_m，对于 $1 \leqslant i \leqslant m$ 计算

$$x_i = (y_i + z_i) \mathrm{mod} 2 \tag{2.15}$$

于是得到明文 $x_i = (x_1, x_2, \cdots, x_m)$，解密完成。

贵州山区现代水利自动化与信息化系统对系统的安全性要求很高，设计的主要难点是必须考虑如何实现系统的安全和正常运行、如何提高系统的稳定性和效率、如何克服数据库在网络使用过程中的数据共享冲突以及容错性的问题。考虑到系统的安全性要求较高，系统将设计的重点放在了系统和数据加密方面。为了确保系统的安全和稳定运行，采用了事务日志的恢复机制和事务中锁机制的并发控制，并使用概率公钥密码系统。经过设计的不断改进，贵州山区现代水利自动化与信息化系统的所有的设计功能都已得到验证。目前，该系统能够安全稳定地长期运行。

2.4 系 统 网 络 架 构

目前系统网络架构主要有两种，即客户/服务器（Client/Server，C/S）模式和浏览器/服务器（Browser/Server，B/S）模式。

2.4.1 C/S 结构模式

1. 二层 C/S 结构模式

按照二层 C/S 结构模式，应用程序可分为客户端和服务器端。连接访问远程的数据是借助网络来实现的。二层 C/S 结构示意如图 2.2 所示。

2. 三层 C/S 结构模式

目前比较通用的结构模型是三层 C/S 结构模式，它已经成为设计和应用的主流。三层 C/S 结构模式由表示层、功能层和数据层组成。其应用功能分割明确，在逻辑关系上相互独立，并且在数据库系统中数据层也已经独立出来，三层 C/S 结构示意如图 2.3 所示。

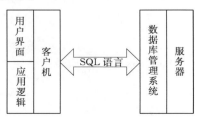

图 2.2 二层 C/S 结构示意图

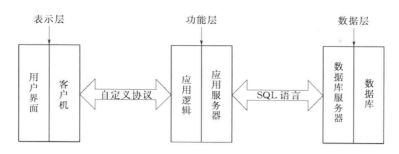

图 2.3 三层 C/S 结构示意图

（1）表示层。系统与用户的接口部分为表示层，它的主要作用是负责用户与应用程序间的对话，按照用户的操作调用相应的业务逻辑。仅需改变现实控制和数据检查程序，就可变更用户的接口。

（2）功能层。它作为应用逻辑处理的核心，成为应用的主体，成为连接客户和数据库服务器的桥梁和中介。在表示层与功能层进行数据交换时，应尽量简洁。一般在开发这层的程序时，多采用可视化编程工具进行开发。

（3）数据层。需要专家系统进行大量逻辑判断的工程一般采用 C/S 结构。首先需要在本地安装客户端软件，由多位专家在异地、异时进行登陆评估，再由水利工程评定、评估系统根据每位专家的权重来录入专家评定结果。C/S 网络结构拓扑示意如图 2.4 所示。

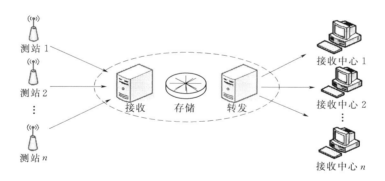

图 2.4 C/S 网络结构拓扑示意图

2.4.2 B/S 结构模式

在收集水利工程中的客观固定数据时，采用埋设传感器的方式，直接实时收集大坝的最新数据，而需要由主观判断的工程数据则采用人工填写的方式。由于传感器本身体积小、携带能量少的特点决定了传感器不可能做出复杂的逻辑判断工作，只能针对某一项数据进行实时监控。因此，系统设计时采用 B/S 结构和在线服务的模式，将政府质量监督机构、项目法人、监理单位、施工单位、检测单位及相关人员等集成于一个网络平台上，协同、高效地处理各类业务。图 2.5 所示为 B/S 结构示意图。

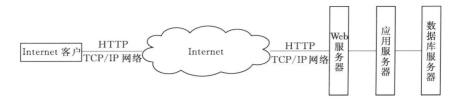

图 2.5 B/S 结构示意图

2.5 系 统 开 发 方 法

贵州山区现代水利自动化与信息化系统的开发必须要保证系统的可靠性、安全性、实用性、协调性、统一性和连续性，按照一定的开发方法进行系统的开发。系统开发的方法较多，按照系统开发所应用的观念进行分类，可将系统开发的方法分为系统生命周期法和系统原型法，贵州山区现代水利自动化与信息化系统采用的是系统原型法。

2.5.1 系统生命周期法

系统生命周期法（System Life Cycle Approach，SLCA）是 20 世纪 60 年代逐步发展起来的一种系统开发方法，是当今系统开发中使用较为普遍，也较为成熟的一种开发方法。

系统工程的方法是工程化的方法，系统生命周期开发方法的基本思想是系统工程的思想。本着用户第一的原则，对系统进行分析和设计时采用的是结构化、模块化和自顶向下的方法。系统工程的本质是结构化的系统开发，图 2.6 所示为系统生命周期法示意图。

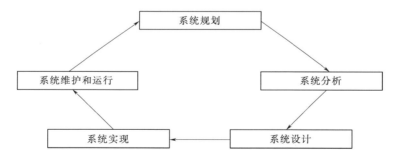

图 2.6 系统生命周期法示意图

因为考虑的是系统设计的整个周期，系统周期法也有它的不足：①用户与系统开发人员之间的技术交流不直接；②开发过程比较繁琐和复杂、开发周期比较漫长；③适应环境变化的能力较弱，特别是较大范围内适应环境的变化的能力。

2.5.2 系统原型法

系统原型法（Prototyping Approach，PA）是在关系数据库系统、第四代程序设计语言和各种辅助系统开发工具产生的基础上于 20 世纪 80 年代产生的。与系统生命周期法不同，系统原型法通常是当系统开发人员完成了系统的需求分析后，为了确定用户需求，事先建立的系统软件原型，这个软件模型只有系统的大概轮廓，并未涵盖系统的全部功能，通过业主与系统开发人员对此系统轮廓进行全面评估、沟通，确定系统的需求，并根据业主的实际需求不断地多次修改软件原型，直到最后业主的所有需求都得到满足为止。使用系统原型法需要系统开发人员完成系统规划后进行需求分析，当对系统了解得比较深入和充分后，再逐步完成系统设计，接下来需要开发者根据系统设计规格，完成系统原型并提供给业主进行评估，通过对该系统进行评估来强化系统功能，直到实现系统完整的功能为止。

系统原型法有许多较为明显的优点：①通过软件的评估与使用，可以帮助用户更加确定未来系统的需求；②提前帮助系统开发人员了解所定义的软件系统是否是用户真正想得到的系统；③通过对系统原形的评估，增加用户参与系统开发的体会；④应用系统原型法开发系统，可以降低系统的开发成本；⑤大大减少软件系统后期的维护费用，系统的功能能正确反映用户的需求。

采用系统原型法开发新系统有以下不足之处：①建立的系统原型如果本身功能设置不齐全、性能不好，会导致原型的设计和使用超出预期的成本和时间；②系统原型法需要一个合适的软件开发环境，以便原型能直接转换成现实系统，所以需要对系统进行反复维护和修正。

通过比较可以看出，系统原型法具备较多优点：①通过对系统的评估和使用可以实现帮助业主不断地确定系统未来的需求；②前期可以帮助系统开发人员明确所定义的软件系统是否满足业主的具体要求，业主是否满意；③通过系统评估和修正，可以增加业主参与系统开发的体会和体验，有助于与业主保持良好的沟通；④采用系统原型法对系统进行开发，能够降低系统的开发成本；⑤可以确保系统的功能准确地体现用户的需求，大幅度减少软件系统后期的维护费用。

贵州山区现代水利自动化与信息化系统的开发采用系统原型法进行开发，可以确保水利工程建设质量管理需求能在系统中得到比较全面的体现。

本 章 小 结

本章主要介绍了山区现代水利自动化与信息化系统的关键技术，分别从数据库技术、并发控制与恢复机制、公钥密码系统技术。系统网络构架、系统开发方法等方面展开研究，初步确定了系统所要采用的关键技术。

第3章　系统需求分析与总体设计

3.1　系　统　选　点

本系统选点遵循以下几点：

（1）工程要在贵州现代高效农业示范园区，并且在核心区实施，结合 100 个示范小城镇。

（2）农村经济合作组织最完善的区域，土地流转程度高，有优势较为明显的主打产业。

（3）工程区龙头企业、农业大户或承包经营者对水利设施需求强烈、欢迎程度高，对收取水费用于工程良性运行的做法认可，愿意并积极缴纳水费，能够通过工程获得可观的效益。

（4）交通条件便利、通信条件好，基本具备工程实施的条件。

（5）企业、大户已经先期建设或承诺要建设部分田间设施的地区。原则上从水源取水点至用水户接水口部分由国家投资兴建，用水户接水口至田间灌溉设施（喷灌、滴灌、微灌等）等由用水户自建、自管、自用，形成政府与用水户共同投入的良好局面，初步形成工程建设的公私合作新模式，解决政府投资管理的问题。

3.2　系　统　需　求　分　析

根据贵州山区现代水利自动化与信息化系统灌溉自动化工程建设和管理需要，本次信息化需建设集远程数据采集、远程视频传输、远程监测控制、压力调节、流量调节为一体的综合控制系统。系统通过监测、传输、诊断、决策、作物水分动态管理及按照作物生长期等信息来实现精确控制灌溉，实现无人值守的按照作物需求自适应灌溉的目的。

1. 项目区重要管网集成测流、调压、输配水功能

项目区工程干管、分干管及支管等重要管网处均有测流、压力调节及自动输配水装置。项目区以土壤墒情为重要的灌溉控制指标，同时兼具项目区测流、调压、输配水功能，实现优化管网系统使用及运行性能，科学指导农业灌溉，达到节水节肥、减少环境污染等目的。

2. 便捷的控制和管理方式

管理者可根据需要自由选择在灌溉现场控制、控制中心（管理房）控制或用远程网

络控制，还可采用手机短信、平板电脑等移动智能终端设备实现控制。项目区重要管网、高位水池及现代水利控制中心系统可根据管理范围设置不同的权限，实现分级管理，管理权限设置按照项目的"建、管、养、用一体化"实施方案管理范围进行分级，满足项目管理的需要。

3. 自动灌溉，节能节水

系统能按预设需水量的限值要求定时、定量地进行灌溉，并能根据作物不同生长阶段的需水量实现精准灌溉，节水达30%以上。对于光热条件较好的项目区，可选用太阳能对田间系统供电，供电部分要综合考虑先进性、稳定性、节能降耗及运行成本等多种因素。

4. 数据信息与视频信息实时显示

现代水利控制中心能实时显示现场的历史数据、实时数据、趋势预测预报图表以及超限、故障报警。视频监控能动态监控作物的长势情况、灌溉情况及园区关键设备的运行状况，辅助园区的中心管理和安防工作。

5. 实现水肥一体化

系统能实时监测土壤肥力、养分情况，并根据预设的作物施肥配方指导作物施肥，实现水肥一体化。系统完成后，除服务于示范园区日常的管理运行外，还可用于开展定期及长期水利科学试验，如作物灌溉试验、灌溉水利用系数自动测算试验、灌区水资源合理配置模型试验、农业面源污染试验及水肥耦合模型试验等。

6. 水泵自适应控制

系统综合了水位自动检测、临界水位报警、水泵自动启停、水泵转速（自动调节进、出水量）调节等功能，实现水泵根据水位变化自动启停、根据需水量自动调节进出水量，进而达到水泵房的无人化及自动化管理的目的。

7. 现代水利控制中心

系统将水源开发、输配水、灌水技术和降雨、土壤墒情、作物需水规律等方面统一考虑，对灌区配水水情进行测量和控制，并由现代水利控制中心统一调度和管理项目区水资源，实时显示灌溉管网控制信息及视频监控管理图像，做到计划用水、优化配水，按需、按时、按量自动灌溉，以达到节约水资源和水资源高效利用的目的。

3.3 控制指标选取

影响灌溉的主要指标有降雨量、植物蒸腾量、风力风速及土壤湿度等。土壤湿度与降雨量成正比，若降雨量超过作物所需的限值，则根据情况停止灌溉流程；若降雨量无法满足作物所需的限值，土壤湿度低于下限，则根据情况开始灌溉流程，以确保作物始终维持生长所需的适宜的土壤湿度。风速对作物需水量的影响是通过减少水汽扩散阻力从而加快水汽扩散来实现的。风速与水汽扩散阻力成反比，风速越大，水汽扩散阻力越小，从而促进蒸腾。作物蒸发蒸腾所需能量的唯一来源是太阳辐射，太阳辐射能越高，作物蒸腾速率越快，太阳辐射量的大小与作物需水量成一定的比例关系。作物需水量通过土壤湿度来反映，采用传感器采集的数据得知土壤的含水率，与作物该生长阶段所需适宜含水率做比较，以此确定是否需要灌溉，确保作物生长的需水量。因此，本次研究将土壤湿度作为系统主要控制指标。

3.4　系　统　总　体　设　计

3.4.1　需求分析

系统拟实现监测、传输、诊断、决策作物水分动态管理及按照作物生长期等信息来实现精确控制灌溉。管理者可自行设定限值，自行设定作物灌溉计划，达到无人值守的按照作物需求自适应灌溉的目的。

试点区工程光照条件下的太阳能供电系统能长期稳定运行，系统低功耗、裁剪性良好，可根据灌溉规模、成本及作物种类满足不同农户的个性化需求，无需布线、长期运行成本低，具有广阔的应用前景。

系统集传感器技术、GPRS 无线通信技术、TCP/IP 网络通信技术、计算机技术、嵌入式技术、多线程程序设计于一体，形成多通道灌溉信息采集与数据融合和灌溉预报与决策功能，明显优于普通人工控制灌溉以及其他传统的灌溉方式。但是，该系统具有大惯性、非线性与时滞的特点，采用双闭环控制结构，稳态响应与瞬态响应快。

3.4.2　方案的选型

方案的选型，分别从成本、安装使用难易程度、功率消耗、运行速度等方面考虑，比较研究了 PLC、PC、HORNER 以及"单片机＋嵌入式系统"等控制方案，表 3.1 为方案选型表。

表 3.1　　　　　　　　　　方　案　选　型　表

控制方案	成本	安装使用难易程度	功率消耗	运行速度
PLC	高	易	较高	高
PC	较高	难	高	一般
HORNER	较高	易	一般	高
单片机＋嵌入式系统	低	易	低	一般

考虑到农业应用低成本、运行速度要求不高的现状，初步提出设计下位机是以单片机为核心的节点控制器、上位机是以 ARM9 为开发平台的中央控制单元，从硬件到软件、从低级应用层到高级应用层全方位实现自主设计的嵌入式控制方案。

3.4.3 系统总体结构

系统由控制系统上位机（现代水利控制中心系统）、控制系统下位机（田间闸阀井控制分站）等几部分组成。

1. 控制系统上位机

控制系统上位机设置在中控室或现代水利控制中心，包括视频采集系统、智能控制系统、无线通信系统和数据处理系统，主要完成大数据分析与挖掘，实现对控制系统灌溉决策和数据存储，同时对喀斯特坡地土壤湿度值的规律进行统计，有利于今后进行数据分析。控制系统上位机按照预先设定好的相应地址，通过无线串口通信方式实现与各下位机通信，并通过下位机实现对土壤湿度值的获取和控制电磁阀门的打开。上位机包括以下主要功能如下：

（1）视频采集系统。该系统采用高精度的一体化快球摄像机，系统的清晰度和稳定性等参数均符合国内相关标准。该系统通过微波无线网桥、网络交换机、视频采集卡等设备采集视频画面，并存储和处理。

（2）智能控制系统。该系统主要由控制设备和相应的继电器控制电路组成，通过继电器可以自由控制各种农业生产设备，包括自动灌溉、泵站的自动启停等。

（3）无线通信系统。该系统主要将设备采集到的数据通过无线网络传送到大数据服务器上，在传输协议上支持 IPv4 协议及下一代互联网 IPv6 协议。

（4）数据处理系统。该系统负责对采集的数据进行存储和处理，为用户提供分析和决策依据，用户可随时随地通过电脑、手机、平板等终端进行查询。

2. 控制系统下位机

控制系统下位机设置在田间，主要由无线透明传输模块、太阳能供电模块、土壤湿度传感器、自保持式脉冲电磁阀、低压水管等构成。下位机亦可单独获取土壤湿度值和控制电磁阀门的开合。

下位机完成数据采集及传输，主要负责灌溉区域土壤墒情、空气温湿度、风速风向、灌水量、压力以及视频等数据的采集和控制。数据传感器数据的上传采用 RS—485 和 GPRS 两种模式。灌溉区现场安装控制柜体，通过信号电缆将数据传送到 RS—485 控制柜节点上，控制柜节点再通过 GPRS 无线发送模块将传感器的数值传送到现代水利控制中心（中控室）大屏。控制系统下位机具有部署灵活、扩展方便、数据稳定等优点。系统总体结构如图 3.1 所示。

3.4.4 系统低功耗设计

系统低功耗设计首先应选择低功耗器件，如选择单片机、低压自保持式脉冲电磁

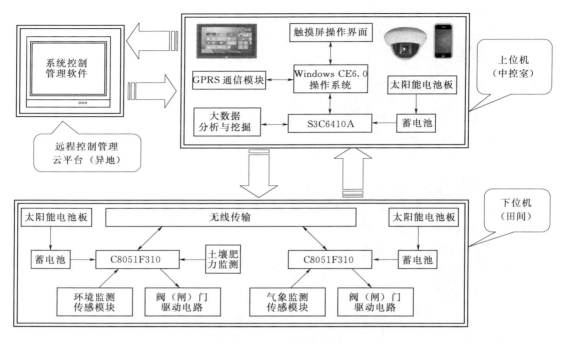

图 3.1　系统总体结构图

阀、传感器、液晶显示器（LCD）等低功耗的器件；其次，单片机必须在满足功能的前提下，在低功耗模式下工作。

1. 低电压自保持式电磁阀工作原理

自保持式脉冲电磁阀通过导线向电磁阀体内线圈输入正向脉冲信号，线圈产生的工作磁通使动芯吸合，打开阀门。当停止正向脉冲信号输入或断电后也能保持，需要输入负向脉冲信号才能复位。自保持式脉冲电磁阀的工作原理是利用电器的脉冲转化为机械的脉动，使得脉动气体的强大能量变成动量在短时间内释放产生巨大冲力。用单片机控制其脉冲的发生。

2. 绿色太阳能供电

太阳能是一种前途广阔的新型能源，具有永久性、清洁性和灵活性三大优点。目前，太阳能电池的应用已从航天领域、军事领域，进入农业、工业、商业、家用电器、通信以及公共设施等领域，尤其在高山、海岛、沙漠、农村和边远地区使用广泛。随着新的光-电转换装置的改善和太阳能电池制造技术的提高，太阳能的利用成本还有望进一步降低，具有广泛的应用前景。

3. 动态电压管理

如遇连续的阴雨天气，蓄电池过度放电，负载停止输出，系统停止工作，此时作物无需灌溉；当在光照条件下，蓄电池继续充电，负载恢复输出，系统继续工作。动态电压管理保证了系统节能高效。

本 章 小 结

　　本章在完成贵州山区现代化水利自动化与信息化系统需求分析的基础上，选取土壤湿度作为系统主要控制指标。在系统总体设计等方面，重点阐述了系统方案的选型、系统的总体结构以及系统低功耗设计等方面的内容，为系统的详细设计奠定了基础。

第4章 系统主要硬件研制

系统的硬件设计主要分为硬件开发与设计、外壳设计、抗风喷头设计，具体包括上位机、下位机的硬件设计和选型，以及采用快速成形技术对下位机的外壳进行制作。

4.1 上位机硬件研制

4.1.1 上位机的选型

上位机的开发可以选择低价实用的 ARM9 开发板 Mini2440，它不但支持 .NET 3.5，还可自由定制简单的 Windows CE 开机画面的开发板，并且可在 10s 内极速启动系统，同时，上位机还支持 USB 烧写更新 Linux 和 Windows CE 5.0/6.0 的内核，并且支持整片 Nand Flash 备份到计算机。可以实现 Windows CE/Linux 图形界面，也可使用 CMOS 摄像头预览并拍照，以及所有板级支持包（BSP）源代码（含 Linux 和 Windows CE）实现公开，在 Linux 和 Windows CE 下通过简单直观的图形界面，就可通过设置各种程序实现开机自动运行。

1. 处理器选型

16/32 位 RISC 处理器 S3C2410A 是三星公司的产品，它价格较低、功率消耗小、性能高，广泛应用在手持设备和一般类型控制器方面。S3C2410A 内部设备较为丰富：分开的 16KB 的指令 Cache 和 16KB 数据 Cache、LCD 控制器、MMU 虚拟存储器管理，可由 Nand Flash 系统引导、系统管理器、4 通道直接内存存取（DMA）、3 通道通用异步收发传输器（UART）、4 通道脉冲宽度调制（PWM）定时器、实时时钟芯片（RTC）、I/O 端口、触摸屏接口和 8 通道 10 位 ADC、USB 设备、IIC - BUS 接口、USB 主机、MMC 卡接口、SD 主卡、内部 PLL 时钟倍频器以及 2 通道的 SPI。

2. SDRAM 存储系统

Mini2440 的内存，具备两片外接的 32MB 总共 64MB 的 SDRAM 芯片（型号为 HY57V561620FTP/MT48LC16M16A2），通常是并接在一起形成 32bit 的总线数据宽度来增加访问的速度。因为是并接，故它们都使用了 nGCS6 作为片选，根据使用手册可知，它们的物理起始地址为 0x30000000。

3. Flash 存储系统

Mini2440 具备两种 Flash，一种是 Nor Flash，型号为 SST39VF1601（AMD29LV160DB

与此引脚兼容），大小为 2MB；另一种是 Nand Flash，型号为 K9F1G08，大小为 128MB。这两种 Flash 都可以启动系统，启动方式的选择是通过开关 S_2 来选择的，拨动 S_2 可从 Nor Flash 或者从 Nand Flash 将系统启动。

4. 电源系统及接口

本开发板使用的是 5V 电源，系统所需的电压有 3.3V、1.8V、1.25V 三种。电压的匹配是通过降压芯片 LM1117 实现。LM1117 可提供 1.8V、2.5V、2.85V、3.3V、5V 电压，并且可实现 1.25～13.8V 输出电压范围，最大输入电压高达 20V，被广泛应用在高级线性调整器、电池充电器和电池供电装置中。

5. 复位系统

本开发板采用专业的复位芯片 MAX811，其功耗低，内部电路可靠性优良，具有一个去抖手动复位输入，最小上电复位脉冲宽度为 140ms，实现 CPU 所需要的低电平复位。图 4.1 所示为复位系统电路图。

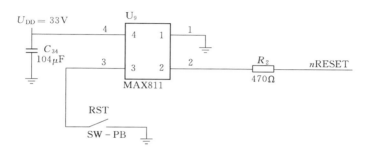

图 4.1　复位系统电路图

6. PWM 控制蜂鸣器

开发板的蜂鸣器（SPEAKER）是通过 PWM 控制的，其中 GPB0 可通过软件设置为 PWM 输出。图 4.2 所示为蜂鸣器电路图。图 4.5 中三极管 9014 主要将单片机的 I/O 口电流放大，使蜂鸣器发声，当输出高电平时，三极管导通，集电极电流通过蜂鸣器，蜂鸣器发声；当输出低电平时，三极管截止，无电流流过蜂鸣器，停止发声。

4.1.2　上位机硬件电路设计

1. 开发注意要点

开发中选择处理器时主要考虑到以下几点：

（1）开发方便，硬件功能齐全，能够满足数据存储、串口通信、LCD 显示以及相关通用 I/O 端口（GPIO）的操作。

（2）方便操作系统以及相关 BSP 的移植。

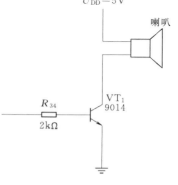

图 4.2　蜂鸣器电路图

（3）有 3G 功能接口，满足以后的二次开发。

综合考虑以上因素，本系统选择了三星公司生产的 S3C6410ARM 处理器。

为了节省时间和减少开发周期，综合考虑之后选择广州友善之臂公司生产的 Mini 2440 开发板。该开发板具体参数为：CPU 处理器（三星公司 S3C6410A、ARM1176JZF－S 核，主频 533MHz 且最高可达 667MHz）、主板 128MB DDR RAM、32bit 数据总线、主板 128MB、256MB、1GB Nand Flash 掉电非易失性存储器、集成 4 线电阻式触摸屏接口、5V 直流电压输出、1 个 DB9 式 RS232 五线串口、1 个标准 SD 卡座。该开发板同时支持 Windows CE. NET 6.0。图 4.3 所示为三星公司的 Mini6410 处理器结构图。在设计中主要用到该结构图中的 LCD、UART、RTC 等接口。

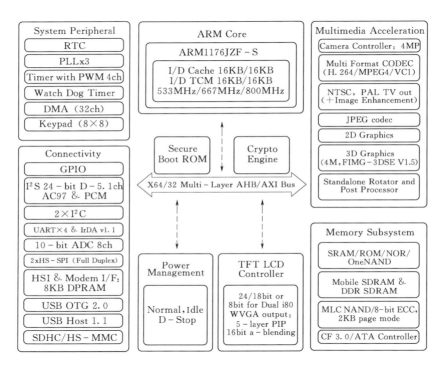

图 4.3　三星公司的 Mini6410 处理器结构图

ARM6410 的系统内存地址分配见表 4.1。

表 4.1　　　　　　　　　　ARM6410 的系统内存地址分配

地　　址		大小/MB	功能描述
0x0000 _ 0000	0x07FF _ FFFF	128	启动镜像区
0x0800 _ 0000	0x0BFF _ FFFF	64	内部 ROM
0x0C00 _ 0000	0x0FFF _ FFFF	128	启动石（8KB）
0x1000 _ 0000	0x17FF _ FFFF	128	
0x1800 _ 0000	0x1FFF _ FFFF	128	DM9000AEP

地　　址		大小/MB	功能描述
0x2000 _ 0000	0x22FF _ FFFF	128	
0x2800 _ 0000	0x2FFF _ FFFF	128	
0x3000 _ 0000	0x37FF _ FFFF	128	
0x3800 _ 0000	0x3FFF _ FFFF	128	
0x4000 _ 0000	0x47FF _ FFFF	128	
0x4800 _ 0000	0x4FFF _ FFFF	128	
0x5000 _ 0000	0x5FFF _ FFFF	256	DDR RAM
0x6000 _ 0000	0x6FFF _ FFFF	256	

2. 接口电路设计

（1）显示控制器。Mini2440 的 LCD 驱动接口支持多种接口，包括 RGB、I80、NTSC/PAL 标准编码器接口和 IT－R BT.601 接口。支持 TFT 24bit，（24bit 使用 4 字节表达一个像素的颜色）LCD 屏，分辨率能支持到 1024×1024。在本设计用到的上位机开发板中提供了 LCD2 和 LCD3 两种接口座，接口表见表 4.2，其中包含了 LCD 所用的大部分控制信号（行场扫描、时钟和使能等）以及完整的 RGB 数据信号（RGB 输出为 8∶8∶8，即最高可支持 1600 万像素的 LCD）。本设计所用的 LCD 为 4.3 英寸 NEC LCD，分辨率为 480×272，TFT 像素为 16BPP，且带触摸屏。将 R34～37 触摸接口接至触摸芯片，然后通过 SPI 从触摸芯片连接到 STC 单片机，最后用一线接口 （ONE-WIRE）接到 PWM，即 Mini6410 的 GPF15 口。用一线精准触摸驱动。LCD 接口电路如图 4.4 所示，LCD 接口说明见表 4.3。

表 4.2　　　　　　　　　　　　**上位机 LCD 接口表**

触摸屏接口 （2&3）	接口说明	触摸屏接口 （2&3）	接口说明
1	5V	11	GND
2	5V	12	VD_8
3	VD_0	13	VD_9
4	VD_1	14	VD_{10}
5	VD_2	15	VD_{11}
6	VD_3	16	VD_{12}
7	VD_4	17	VD_{13}
8	VD_5	18	VD_{14}
9	VD_6	19	VD_{15}
10	VD_7	20	GND

续表

触摸屏接口（2&3）	接口说明	触摸屏接口（2&3）	接口说明
21	VD_{16}	32	nRESET
22	VD_{17}	33	VDEN/VM
23	VD_{18}	34	VSYNC
24	VD_{19}	35	HSYNC
25	VD_{20}	36	VCLK
26	VD_{21}	37	TSXM
27	VD_{22}	38	TSYP
28	VD_{23}	39	TSYM
29	GND	40	TSYP
30	GPE_0/LCD_PWR	41	GND
31	PWM_1/GPF15		

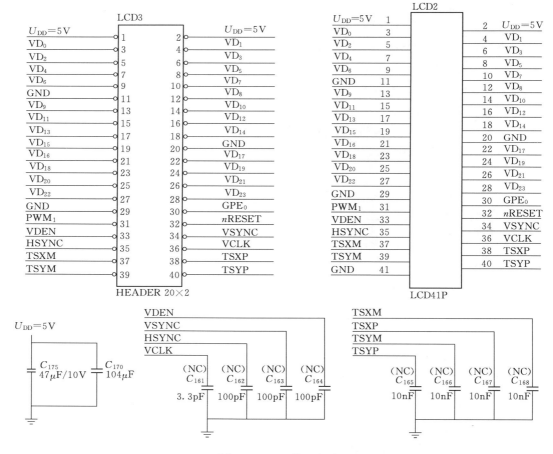

图 4.4   LCD 接口电路

表 4.3   **4.3 英寸 NEC LCD 接口说明**

接口序号	符号	功能	接口序号	符号	功能	接口序号	符号	功能
1	GND	接地	18	D22	蓝色数据	35	GND	接地
2	U_{CC}	电源	19	D21	蓝色数据	36	POL	极性反转信号
3	U_{CC}	电源	20	D20	蓝色数据	37	INV	数据反转信号
4	U_{CK}	V 驱动移动时钟	21	GND	接地	38	GND	接地
5	U_{GON}	开 V 驱动电压	22	D15	绿色数据	39	VCOM	驱动输出信号
6	U_{OE}	V 驱动输出使能	23	D14	绿色数据	40	GND	接地
7	U_{GOFF}	关 V 驱动电压	24	D13	绿色数据	41	COM	公共信号端
8	U_{SP}	V 驱动开始脉冲	25	D12	绿色数据	42	GND	接地
9	U_{DD}	H 驱动电压	26	D11	绿色数据	43	XL	T/P 水平左终端
10	HCK	H 驱动移动时钟	27	D10	绿色数据	44	YD	T/P 垂直下终端
11	STB	H 驱动锁电压	28	GND	接地	45	XR	T/P 水平右终端
12	HSP1	H1 驱动开始脉冲	29	D05	红色数据	46	YU	T/P 水平上终端
13	HSP2	H2 驱动开始脉冲	30	D04	红色数据	47	GND	接地
14	GND	接地	31	D03	红色数据	48	CATHODE1	阴极 LED1
15	D25	蓝色数据	32	D02	红色数据	49	ANODE1	阳极 LED1
16	D24	蓝色数据	33	D01	红色数据	50	CATHODE2	阴极 LED2
17	D23	蓝色数据	34	D00	红色数据	51	ANODE2	阳极 LED2

（2）USB 接口。上位机提供了两种 USB 接口：一种用于外接 U 盘、鼠标以及其他 USB 类外设；另一种 USB 接口具有 OTG 功能，能够使用它下载程序。设计应用程序时，可以使用 U 盘将编译正确的应用程序拷贝到上位机系统下的 NANDFLASH 目录下，就可以使用应用程序。

（3）SD 卡接口。本设计要使用 SD 卡安装嵌入式 Windows CE 操作系统以及 bootloader 程序。因此在上位机上引出了标准的弹出式 SD 卡座。SD 卡接口电路如图 4.5 所示。

（4）串口。上位机是通过无线透明传输模块来接收下位机发送上来的传感器数据的，而上位机和无线透明传输模块之间是采用串口来连接的，因此在上位机上应留出串口接口电路，具体接口引脚定义见表 4.4。设计中用到的串口为串口 3，即 CON3。

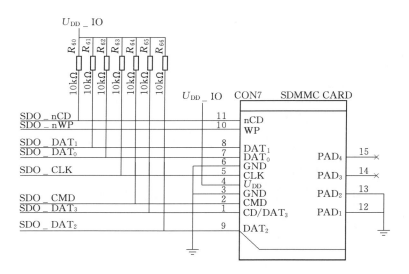

图 4.5 SD 卡接口电路

表 4.4 串 口 接 口 引 脚 定 义

CON1，CON3，CON4	引脚定义（TTL）	CON2	引脚定义（TTL）	COM0	引脚定义（RS－232）	COM0	引脚定义（RS－232）
1	TXD	1	RTSn	1	NC	6	NC
2	RXD	2	CTSn	2	RSRXD	7	RSCTSn
3	5V	3	TXD	3	RSTXD	8	RSRTSn
4	GND	4	RXD	4	NC	9	NC
		5	5V	5	GND		

（5）电源接口及插座。上位机采用 5V 直流电源供电，提供两个电源输入口：其中一个为 5V 电源适配器插座，方便在调试程序时连接电源电路；另一个为 4Pin 插座，是为了方便上位机接入封闭式的机箱时连接电源。电源接口见表 4.5。

表 4.5 电 源 接 口

接口（CON5）	引脚定义	接口（CON5）	引脚定义
1	$U_{DD}=5V$	3	GND
2	GND	4	U_{DDIN}

4.2 下 位 机 硬 件 研 制

4.2.1 下位机的选型

控制系统下位机分别由太阳能供电模块、单片机模块、电压变换模块、串口通信接

口模块、传感器接口模块、电磁阀接口模块
等构成。其中电磁阀接口模块用于控制水管
电磁阀的打开与关闭，传感器接口模块用于
获取土壤湿度值，电压变换模块用于实现对
单片机和传感器的供电电压调整。下位机模
块如图4.6所示。

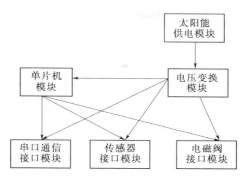

图 4.6 下位机模块

1. 微控制器的选择

考虑到室外坡地环境干扰因素不可预知，
微控制器选择工业级别的 C8051F 系列单片
机。本设计选择了 C8051F310 单片机。

（1）C8051F310 的参数。该单片机具体配置如图 4.7 所示，其各参数如下：

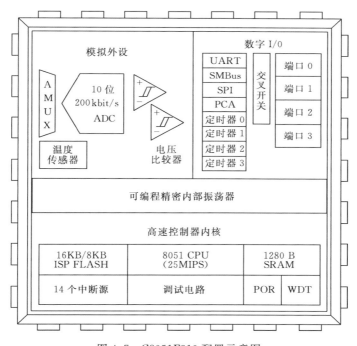

图 4.7 C8051F310 配置示意图

1）模拟外设。内部集成精度可达 10 位的模数转换器，支持 200kbit/s 最高转换
速率，最高外部 21 个引脚均能当做单端或差分模拟量输入，其中相对电压 U_{REF} 可由
外部引脚或者在 U_{DD} 中设计。芯片内部集成有一个精度范围为 ±3℃ 的温度传感器，
使用外部转换方式对其进行启动。通过芯片内部的两个模拟比较器，可以软件编程
模拟转换响应时间以及回差电压。其中比较器 0 可用来配置为复位源，均支持中断
方式。

2）高速控制器内核。采用高速 8051 微控制器内核结构，改进的流水线指令结构能
保证所有指令中的绝大部分都能在一个或两个系统时钟周期内执行。当选在外部时钟频

率为 25MHz 时，运行速度可达 25MIPS，系统支持扩展中断。

3）存储器大小。内部数据 RAM 可达 1280B（1024B＋256B），以及一个 16KB 大小的 FLASH 存储器，其扇区大小为 512B，支持在线编程。

4）数字外设。可达 29 个外部 I/O 端口，并且每个引脚均可承受 5V 电压。用于通用异步收发传输器（UART）、系统管理总线（SMBus）以及 SPI 串口功能的引脚硬件均有增强。数字外设内部包含 4 个 16 位的通用定时器/计数器，并支持 16 位可编程定时器/计数器阵列，同时支持 5 个定时器/计数器捕捉和比较模块，支持外部时钟源或者内部定时器以及 PCA 的实时时钟方式。

5）在片调试。支持非侵入式的在线系统调试，调试电路快，并且支持对断点、单步、观察和修改存储器以及寄存器的功能。因此，较使用仿真器、仿真芯片等需要仿真工具的仿真系统，其性能更加优越。并且目前市场上支持 C8051F 系列单片机的开发套件比较完善。

6）时钟源。在无晶体 UART 操作的情况下，可使用内部嵌入的可编程振荡器，精度可达±2％，振荡频率可达 4MHz。也可在外部接入晶体、RC 电路、C 电路或者外部时钟作为振荡器。系统在运行时支持时钟源切换功能，此方法可用于节点模式中。

7）供电电压。电压范围宽介于 2.7～3.6V 之间，工作频率为 25MHz 时，电路电流大小约为 5mA；工作频率为 32kHz 时，工作电流能降低到 11μA。典型停机电流为 0.1μA。可工作的温度范围为－40～85℃。

（2）C8051F310 的主要特性。本控制系统的下位机采用 C8051F310 混合信号 ISP FLASH 微控制器，它是完全集成的混合信号片上系统型 MCU 芯片，具有 VDD 监视器、片内上电复位、时钟振荡器和看门狗定时器。FLASH 存储器还具有系统重新编程能力，允许现场更新 8051 固件，并用于非易失性数据存储。用户软件可以关断任何一个或所有外设以节省功耗，它对所有外设具有完全的控制。同时支持单步、断点、停机、运行等命令，并可工作在工业温度范围（－45～85℃），有 32 脚 LQFP 封装，工作电压为 2.7～3.6V，工作电流为 5mA。其主要特性如下。

1）模拟外设。内置温度传感器（±3℃）、10 位 ADC，外部转换启动输入。

2）两个模拟比较器。可配置为中断或复位源（比较器 0）、可编程回差电压和响应时间、小电流（小于 0.5μA）。

3）存储器。16KB（C8051F310）FLASH 存储器，可在系统编程，扇区大小为 512B。

4）数字外设。29/25 个端口 I/O，所有口线均可接 5V 电压。

2．稳压芯片的选择

电路中需要将 9V 电压转换为 5V 和 3.3V 分别为微控制器和传感器供电。这里选择德州仪器（TI）生产的稳压芯片 REG1117 作为电压变化芯片。通过芯片 REG1117 线性稳压芯片将电压分别降低到 5V 和 3.3V 为微控制器和传感器供电。REG1117 是一种易于使用的三端稳压器系列芯片。它包括了可修复可调节电压、两个电流（800mA电流和1A）和两种封装类型（SOT－223 和 DDPAK）。可调节的输出电压设置相对应的有两个外部电阻器。REG1117 允许其输入/输出低压差低至 1V。REG1117 无需调整激光微调保证优秀的输出电压精度。REG1117 输出级具备 NPN 节二极管，输出级驱动器做出最大贡献即负载电流效率高。REG1117 参数见表 4.6 所示。

表 4.6 REG1117 参数表

类　　别	参　　数	类　　别	参　　数
输出电流	≤800mA，允许最大容差：±1%	工作温度	－40～125℃
调压器	单输出	电压输入	3.8～15V
调节器拓扑	正可调	电流限制（最小值）	800mA
电压	1.25～13.5V	无铅状态	无铅

此外 REG1117 最大额定值见表 4.7。

REG1117 接入电路的方式分两种：一种为基本接法为在输出电路上应并联接入一个 $10\mu F$ 的钽电电容或者不小于 $50\mu F$ 的铝电解电容，用来提高调节高频负荷的能力和保证有效串联电阻小于 0.5Ω。另一种接法为输出电压可调的电路接法，本设计中采用该种接法接入电路。

表 4.7 REG1117 最大额定值

类　　别	最大额定值
功率耗散	内部限制
输入电压	＋15V
工作结温范围	－40～125℃
存储温度范围	－65～150℃
焊接温度（焊接，10s）	300℃

3. TC4426 驱动芯片

TC4426 驱动芯片是 1.5A 双高速功率 MOSFET 驱动器，输入电流峰值高，工作在 4.5～18.0V 的宽电源，具有容性负载能力强的特点，被广泛应用在开关式电源、线路驱动器、脉冲变压器驱动等场合。在编制采集驱动程序时应按照 TC4428 的时序图进行。图 4.8 所示为 TC4426 引脚图，图 4.9 所示为 TC4426 时序图。

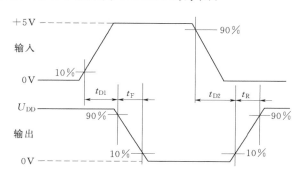

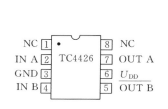

图 4.8 TC4426 引脚图　　　　　图 4.9 TC4426 时序图

（1）输入 A（INA）和输入 B（INB）。MOSFET 驱动器的输入 A 和输入 B 是高阻抗、TTL/CMOS 兼容的输入。输入信号的上升和下降时间非常缓慢，这两个输入在高低阈值之间有 300mV 的迟滞，可以防止输出毛刺。

（2）地（GND）。地是接地引脚，是器件的回流引脚。接地引脚应通过低阻抗连接到回流偏置电源。当容性负载放电时，高峰值电流将从接地引脚流出。

（3）输出 A（OUT A）和 B（OUT B）。MOSFET 驱动器的输出 A 和 B 是低阻抗、CMOS 推挽式输出。下拉、上拉器件有相同的强度，使得上升和下降时间相等。

（4）电源输入（U_{DD}）。U_{DD} 输入是 MOSFET 驱动器的偏置电源，相对于接地引脚，U_{DD} 输入的额定值为 4.5～18V。在靠近 U_{DD} 输入的地方应该连接一个陶瓷电容，进行旁路。这些电容的值，应该根据要驱动的容性负载选择。

4.2.2 下位机硬件电路设计

1. Altium Designer 6.5 在电路图中的应用

Altium Designer 6.5 具有高度集成的设计环境、个性化的操作环境、集成的平台性等特点。在其个性化的操作环境下，可以依据系统的设计要求定制相应的开发工具包，包括原理图设计模块、印制电路板（PCB）设计模块、计算机辅助制造（CAM）、输入模块、混合信号仿真模块、信号完整性分析模块、嵌入式系统设计模块、系统验证板等部分。它强大的设计比较工具不仅可以随时用于同步原理图到 PCB，也可以被用于比较两个文件。按照功能分，Altium Designer 6.5 大致可分为基础部分、板卡设计部分和嵌入式智能设计部分。

2. 电路原理图设计

（1）标准的 C8051F JTAG 接口。程序的调试、下载选用微型 C8051F USB 仿真器 USB Debug Adapter，该仿真器具有以下特点：①与 Silabs 的 USB Debug Adaptor 和 EC3/EC5 调试器完全兼容，支持 JTAG/C2 模式，固件可升级，Windows ME 以上系统免驱动，支持 IAR，Keil，Silabs IDE 等调试软件；②接口电平由目标板决定，1.8～5V 自适应；③调试接口采用 Silabs 公司的原装仿真器（UDA）相同的电平转换芯片，稳定可靠，支持 C8051F 全系列（C2 和 JTAG 接口）MCU。其接口定义为：1—目标板接口电源（VTAR）；2、3、9—GND；4—TCK（C2D）；5—TMS；6—TDO；7—TDI（C2CK）；8—NC；10—VBUS（给目标板供电）。图 4.10 所示为 JTAG 电路图。

（2）通信模块接口电路图。无线数据传输模块与单片机的通信方式为半双工。图 4.11 所示为通信模块电路图。用户可以对串口参数、串口效验、收发频率、空中速率、输出功率进行设置。

（3）电源电压转换电路。降压芯片采用 AMS1117‐5，它是一个正向低压降稳压器，具有 1% 的精度，内部集成过热保护和限流电路，极性电容 C8 对电路进行滤波，

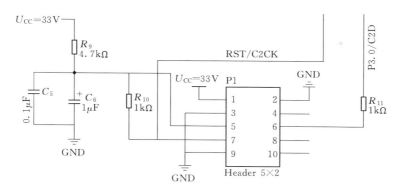

图 4.10　JTAG 电路图

C9 为去耦电容，进一步减小电源与参考地之间的高频干扰阻抗。电压转换电路如图 4-12 所示。

（4）传感器接口电路。通过配置 P3.3 口为模拟量接口，即寄存器 P3MDIN＝0xF7，以使 P3.3 口为土壤湿度传感器接口。其电压供应为 5V。传感器接口电路如图 4.13 所示。

传感器接口连接如图 4.14 所示。图中"电源＋"接电源正极，"土壤湿

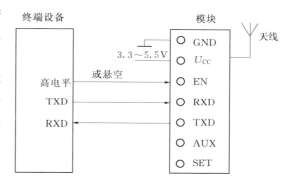

图 4.11　通信模块电路图

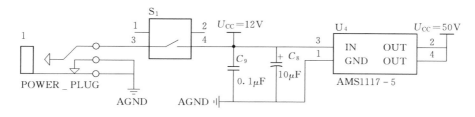

图 4.12　电压转换电路

度（电压信号）"为 0～2.5V 土壤湿度信号输出口，"电源一"接电源负极。

（5）输出增益芯片的选择。由于电磁阀是自保持式工作方式，其工作方式为正脉冲下开阀，负脉冲下关阀。因此，本设计通过配置 I/O 口 P1.2、P1.3 为 Push、Pull 模式，设置寄存器 P1MDOUT＝0x0C。且为了改变脉冲方向，这里引入了 1.5A 双高速功率 MOSFET 驱动

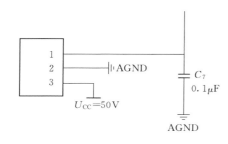

图 4.13　传感器接口电路

器 TC4426。

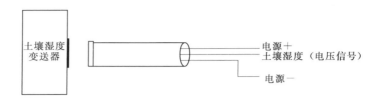

图 4.14　传感器接口连接图

TC4426 具备以下特性：峰值输出电流可以达到 1.5A，输入电源电压工作范围宽，介于 $-4.5 \sim 18V$ 之间，延时时间短，具有很好的锁定阻抗，同时具有匹配的上升和下降时间。其内部电路与原理如图 4.15 和图 4.16 所示。

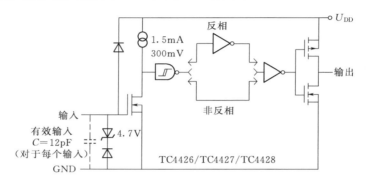

图 4.15　TC4426 内部电路图

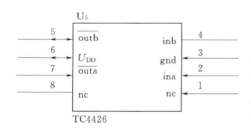

图 4.16　TC4426 原理图

二极管。

（7）程序仿真电路的设计。考虑到程序修改的方便性，本设计中加入了程序下载仿真模块。若做成产品后，此模块可以去掉。该 USB Debug Adaptors 是 C8051F 系列单片机的 USB 接口编程仿真器，配合开发软件可以实现单步、连续单步、断点、停止、运行，支持寄存器和存储器的观察和修改，下载程序到 Flash 存储器。程序

（6）无线串口电路的设计。下位机获得传感器数值后通过无线透明传输模块将数据发送给上位机，而下位机与无线透明传输模块之间是通过串口进行连接的。无线串口电路如图 4.17 所示。从图中可以看出，通过 7Pin 引出 C8051F310 的串口，无线透明传输模块供电电压为 5V，同时为了辨别下位机工作电压是否接入，在 7Pin 口上接入一个发光

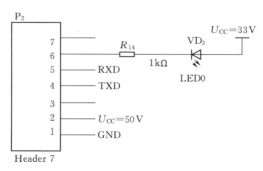

图 4.17　无线串口电路图

仿真模块原理如图 4.18 所示。

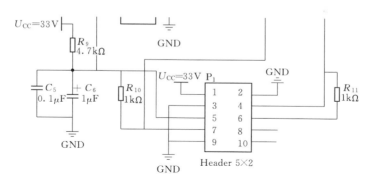

图 4.18 程序仿真模块原理图

3. PCB 设计

PCB 的设计是将电路原理转为实物的过程，在设计时需按照以下设计流程进行设计：

（1）PCB 设计的前期准备。前期准备主要是准备原理图，包括绘制原理图、原理图的编译等。

（2）设置 PCB 设计参数。根据电路规模的复杂程度、使用情况等选择电路板的类型（单层板、双层板、多层板），设置电路板的尺寸以及设计界面的单位、网络尺寸、工作层的显示和颜色。

（3）由原理图更新 PCB 文件。将原理图的信息（元件以及它们之间的电气连接关系）导入到 PCB 文件中。

（4）元件布局。导入信息后的 PCB 板的元件需要重新布局。元件布局包括自动布局和手动布局，布局要求美观，还要有利于随后的布线工作。

（5）布线。布线有手动布线和自动布线两种。若采用自动布线，需在布线前设置自动布线规则，自动布线一般有不足之处，多数采用手动布线。

（6）覆铜。覆铜可以增强抗干扰能力。

（7）输出文件，准备制备电路板。

本设计中，采用双层板，手动布局元件，自动布线和手动布线相结合的布线方式，GND 和 VCC 线宽采用 1mm，其余则采用 0.254mm，PCB 板尺寸按 50mm × 50mm 设计。图 4.19 所示为 PCB 3D 效果图。

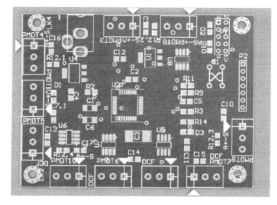

图 4.19 PCB 3D 效果图

4.3 外 壳 设 计

4.3.1 快速成型技术

快速成型技术又称为快速原型技术（Rapid Prototyping），它是 20 世纪 90 年代快速发展起来的以计算机辅助设计模块作为模型来快速制造复杂三维实体的技术。

快速成型技术集成了多种现代制造技术，包括激光加工技术、精密伺服驱动技术、分层制造技术和计算机数控技术等。它是一种通过读取 CAD 的数据，利用"分层制造、逐层叠加"的原理，无需刀具和工装卡具就可以将材料逐层堆积获得三维实体原型的现代制造技术。快速成型基本流程如图 4.20 所示。

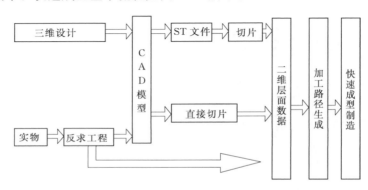

图 4.20 快速成型基本流程

4.3.2 快速原型制作的试验条件

用于为本系统制作样件的设备为 MEM - 350 快速成型机。MEM - 350 快速成型机没有采用激光器，而是采用熔融沉积制造技术，从喷头中挤压出高温熔融的 ABS，按照 CAD 数字模具在计算机下形成的路径，分层制造，把实物样品制造出来。ABS 丝状材料从温度高达 250℃ 的喷头中挤压出来，跟成型室温度（50℃）形成巨大温差，所以材料能很快凝固成一薄层，其厚度为 0.1025～0.762mm。成型室成型空间为 350mm×35mm×45mm。成型精度为 0.2mm，ABS 材料具有一定的强度，适合成型中、小型塑件。

4.3.3 快速原型件的制作

快速成型机参数设置不同，加工出的模具稳定性能和用材以及加工时间都会有很大差异。经过多次实际实践，加工此零部件的最优化的参数设置为：交叉率为 0.2，支撑角度为 45°，其余设置选择默认值即可。把三维数字模型导入软件后，单击分层，获取其 CLI 文件，然后打开 Cark 软件，调入模型的 CLI 文件，初始化系统，待喷头温度达到 250℃、成型室温度达到 50℃、利用三点定位确定工作台水平后，便开始造型。快速原型件成型过程如图 4.21 所示，控制器外形设计如图 4.22 所示，模型分层处理如图 4.23 所示。

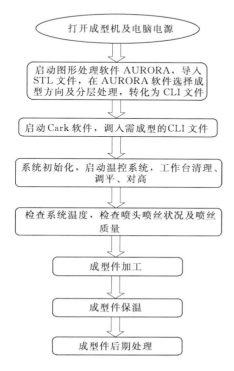

图 4.21　快速原型件成型过程

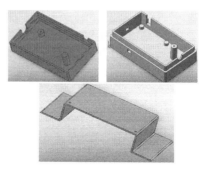

图 4.22　控制器外形设计

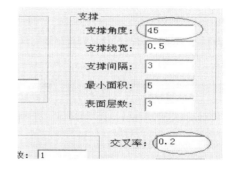

图 4.23　模型分层处理

4.3.4　快速原型件的后处理工艺

　　快速原型件在成型室中造型完毕后，还有大量的支撑材料，对原型件的后继工艺处理直接影响着原型件的尺寸精度和定位精度。对支撑材料的切除先要选择好合适的厚度，若选择切除的单层薄，需要花费大量的时间；若选择切除的单层厚，容易损坏原型件。如果原型件的定位精度和表面精度有很高的要求，还可以使用修补、清洗、抛光和表面强化处理等工艺进行处理，最后成型。经处理后的下位机控制器盒原型件如图 4.24 所示。

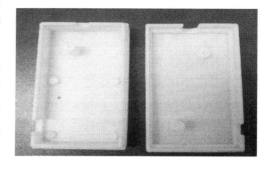

图 4.24　经处理后的下位机
控制器盒原型件

4.4 抗风喷头的设计

4.4.1 常用喷头的介绍

喷头亦称为灌水器，是喷灌系统的关键部件。它的作用和任务是将水流中的压能转变为动能，喷到空中形成雨滴，均匀分配洒布到灌溉面积上，实现灌溉。

通常人们按工作压力大小可分为低压喷头（近射程喷头）、中压喷头（中射程喷头）和高压喷头（远射程喷头）。喷头工作压力和射程见表 4.8。

表 4.8 　　　　　　　　　　喷头工作压力和射程

类别	工作压力 /MPa	射程 /m	喷头流量 /(m³/h)	特点及应用范围
低压喷头 （近射程喷头）	<0.2	6.0～15.5	<2.5	射程近，喷洒范围小，水滴打击强度小，耗能少。主要用于苗圃、菜地、温室、草坪、园林、自压喷的低压区或行走式喷灌机
中压喷头 （中射程喷头）	0.2～0.5	15.5～42.0	2.5～32.0	喷射距离适中，应用较广，多用于果园、大田作物、草坪、菜地及各类经济作物
高压喷头 （远射程喷头）	>0.5	>42.0	>32.0	喷射距离远，喷洒效率高，但耗能多，水滴强度大，多用于要求不高的大田、草原

按结构形式和喷洒特征划分，喷头可分为旋转式（射流式）喷头、固定式喷头和孔管式喷头等。

（1）旋转式（射流式）喷头。喷头在工作时喷头绕自身铅垂轴旋转，边喷洒边旋转，水射出时呈集中射流状（水舌），再经粉碎机构使水流散开，射程远，其基本形式是中射程和远射程喷头，是目前我国农田灌溉中应用最普遍的一种喷头。它的缺点是在有风和安装不平的情况下，喷灌不均匀，影响喷灌质量。

（2）固定式喷头。又称为漫射式或散水式喷头。在整个喷灌过程中，喷头的所有部件都是固定不动的，其喷洒特点是喷出的水沿径向散开，湿润面呈圆形或扇形，湿润圆半径一般为 3～5m。其结构简单，工作可靠，但水流分散，射程小，喷灌强度大，水量分布不均，喷孔易被堵塞。

根据喷头散射水流的方法不同，固定式喷头大致分为离心式、折射式和缝隙式三种。其工作原理为：①离心式，使水流在喷头内部旋转然后从喷嘴喷出，自然散布成圆形，其原理和农用喷雾器相同；②折射式，在喷嘴外加一个折射锥，水流射到折射锥上，改变方向同时沿折射锥散开；③缝隙式，在喷头的侧面开一道或几道缝隙，水流沿缝隙呈扇形向外射出。

（3）孔管式喷头。由一根或几根较小直径的管子组成，在管子的顶部分布有一些小的喷水孔。孔管式喷头的结构简单，但喷灌强度较高，水舌细小，受风的影响大，孔口小，抗堵塞能力差。

4.4.2 常用喷头的结构和工作原理

常用的喷头有摇臂式喷头、垂直摆臂式喷头、蜗轮蜗杆式喷头、全射流喷头以及折射式喷头等。

1. 摇臂式喷头

摇臂式喷头是国内外采用最多的一种喷头。它的优点较多，主要有结构简单、工作稳定可靠、喷洒质量好且易于调节，但它的撞击部件易损坏，工作时不能经受强烈振动。摇臂式喷头结构如图 4.25 所示。

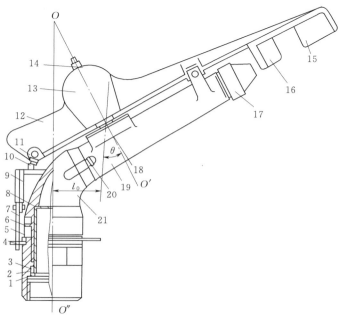

图 4.25　摇臂式喷头结构

1—空心轴；2—空心轴套；3—减磨密封圈；4—挡杆；5—防沙弹簧；6—减摩垫圈及弹簧罩；7—换向器拨杆；
8—密封圈；9—换向器座；10—摆块；11—反转钩组件；12—摇臂；13—防水罩；14—调节螺钉；15—导水板；
16—偏流板；17—喷嘴；18—摇臂轴；19—喷管；20—螺帽；21—喷体；OO'—摇臂旋转轴线；
OO''—喷头旋转体转动轴线

摇臂式喷头的工作原理为：利用水流的冲击，将水流的动能传递给摇臂，喷体的静摩擦转动力矩大于摇臂的静摩擦转动力矩，喷体不转动而摇臂沿与喷头转动相反的方向转动。由于摇臂弹簧的作用，摇臂在转过一定角度后开始向回转动。如不考虑摩擦，出水时与入水前摇臂的转速相等、方向相反。在此过程中，摇臂的动能与弹簧的势能相互转换。摇臂体撞击喷体，瞬间释放能量，产生很大的转动力矩，克服喷体的静摩擦转动力矩，使喷体转动。利用偏流板，使摇臂入水后继续加速，摇臂在撞击时速度大于入水前的速度，保证摇臂不被水流冲出，而且有足够的撞击能量。由于偏流板切入水流，使水流分流散射，其后存有一段无水区。导流板与偏流板有一段距离，并以一定速度运动入水。入水过程中始终处于无水区，保证了摇臂继续加速。出水时情况恰好相反，偏流板虽使水流偏转，但此时摇臂是反方向运动，偏转的水流总能冲到导流板上，在摇臂整体离开主流之后，导流板继续受水流冲击一段时间，从而使摇臂在脱水时获得最大的动能。摇臂出、入水的时间比自由运动时间短得多，所以大部分的境内水流是直射的，摇臂对喷头的射程和水量分布的影响极小。摇臂正转时撞击频率是 1.35 次/s，反转时由于摇臂刚出水就发生撞击，所以是快速转动。

在喷头的工作过程中，摇臂的作用是撞击喷体使喷头旋转；偏流板和导流板的作用是给摇臂的运动加速，使水流的动能最大限度地转换为摇臂的撞击能量；摇臂弹簧的作用是使摇臂回位和蓄、放摇臂的能量。这几个部件是喷头运转的关键部件。摇臂的外形尺寸和重心位置、摇臂弹簧的弹性大小和导水器各部分的尺寸、相对位置都将直接影响喷头的正常工作。

2. 垂直摆臂式喷头

垂直摆臂式喷头是靠改变射流方向产生的反作用力推动其间歇旋转的。它的主要优点是：受力情况较摇臂式喷头好，这是因为摆臂不直接撞击喷管，正转时摆臂配重和摆臂轴处配重在运动时对于摆臂轴的作用力方向相反，可以抵消部分撞击力；同时，由于摆臂在和喷管近于平行的平面里运动，摆臂运动的作用力和射流运动产生的作用力相反，也产生一个平衡力矩，因此，驱动平稳，振动很小，这就可以降低摆臂材质要求。和其他反作用式喷头相比，它没有很复杂的限速机构和易损件。

垂直摆臂式喷头是一种适于中、高压型的喷头，在各种喷灌机上都可使用。除幼嫩作物外，其他作物都能适应。

典型的垂直摆臂式喷头结构如图 4.26 所示，它包括圆环板喷嘴、喷管（内有稳流栅）、喷体（弯头）、喷头座（旋转密封机构，又称转动套）、正转摆臂、反转臂、限位器、限速机构、轭架、反转传动杆、平衡重等。

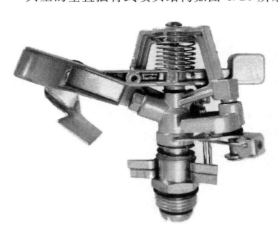

图 4.26　垂直摆臂式喷头结构

垂直摆臂式喷头的工作原理为：高速射流从喷孔（多数为环形）射出，冲击导流器，摆臂获得能量。冲击力分成向下和向左两个分力，在向下分力 F_z 的作用下，摆臂克服平衡锤重量和摆臂轴的轴承摩擦阻力向下运动；在向左分力 F_x 的作用下，摆臂克服旋转密封机构的摩擦阻力和限速机构的制动摩擦阻力，使喷头向右旋转一小角度。摆臂向下运动时，其平衡重升高，得到重力势能，然后它和摆臂轴平衡重块（有的喷头没有）的重力矩联合作用下，摆臂返回，重力势能变为转动动能，再次切入射流。同时，在摆臂轴处，摆臂橡胶块与摇臂轴处配重橡胶块碰撞，使摆臂转速为零。重复以上过程，在间歇性驱动力矩的作用下，喷头不断地作间歇性正转（向右转动）。当轭架上的滚轮和啮合限位器相接触时，轭架通过反转传动杆，拉动反转臂，使其切水板切入射流，得到能量，产生向左的反作用驱动力矩，使喷头迅速向左旋转，直至轭架滚轮接触脱开限位器，传动杆推动反转臂的切水板离开水舌，喷头重又开始正转。

垂直摆臂式喷头与摇臂式喷头在接受能量方式上是不同的，前者靠水流冲击和重力回位，力学特征值为惯量半径、重心矩；后者靠摇臂撞击和摇臂弹簧回位，力学特征值是转动惯量和弹簧系数。

3. 蜗轮蜗杆式喷头

蜗轮蜗杆式喷头是一种靠水力冲动叶轮旋转而驱动喷体绕自轴转动的喷头。其过流部分的流道和摇臂式喷头相同。

蜗轮蜗杆式喷头的工作原理为：喷嘴喷出的射流，冲击前方叶轮，通过传动杆驱动两级蜗轮蜗杆（或一级蜗杆一级棘轮）变速，末级蜗轮与喷体转动部分连在一起，所以，喷头绕垂直轴线连续旋转。如喷头需作扇形喷洒时，需设有换向机构，它是由换向齿轮、牙嵌离合器组成。

还有一种是靠单喷管的射流驱动的蜗轮蜗杆喷头，带蜗轮的叶轮位于喷嘴前，叶片伸入射流边缘，一级蜗轮减速器减速后通过连杆，带动二级蜗轮减速器旋转，在此蜗杆上带有一个曲柄连杆随之运动，连杆的另一端有拨叉，它带动棘轮转动，棘轮轴的一端为蜗杆，与固定的喷头座上的蜗轮啮合，这样就可以使喷头的转动部分绕垂直轴线旋转。当喷头需要变换旋转方向（反转）时，喷头座上有一环形槽，可在任一位置固定两个限位销，连杆支持在其中一个限位销上，到一定位置时，它推动带拉簧的折曲杠杆，使其向相反方向切换，随之拨叉也换用另一爪工作，这样，喷头就按所调节的限位销的位置进行扇形喷洒。这种结构一般只用在远射程大型喷头上。

叶轮在高速射流驱动下，转速可高达 $1000 \sim 2000 \text{r/min}$ 以上，而喷头旋转速度则要求只有 $1 \sim 5 \text{r/min}$，因此，减速机构的总减速比较大，在 $200 \sim 700 \text{r/min}$ 之间，这种大幅度的减速，往往需要 $2 \sim 3$ 级减速完成，同时，驱动力矩较大，使结构复杂，制造工艺要求高。还有，叶轮会破坏射流的完整性，使射程缩短（当射流与叶轮垂直时约缩短 $20\% \sim 25\%$）。这些缺点使这种喷头的推广受到了限制。但是，由于蜗轮蜗杆自锁作用，使喷头转速平稳，受风和振动的影响较小，安装条件较差也无关紧要。因此，在一些情况下，应用蜗轮蜗杆喷头具有较多优点。

4. 全射流喷头

全射流喷头是我国 1974 年以来研制的一种用于农田灌溉的新型喷头，也属于反作用式旋转喷头。它是指喷灌的压力水通过喷头出口处的水射流元件时，水射流元件不仅完成射流的均匀喷洒任务，而且还能改变水射流的偏转方向，并和其辅助构件（换向器等）共同完成喷头自动正、反向均匀旋转的任务，因此称为全射流喷头。它的特点在于给喷头施加旋转驱动力矩的是水射流元件。

全射流喷头最大的优点是运动部件少、无撞击部件、构造较简单、喷洒性能较好等。主要缺点是喷嘴直径在一个喷头上不能更换，使工作范围变窄，喷嘴磨损后要更换整个射流元件，有的射流元件上有很小的工作孔，使加工不便且易发生阻塞故障等。

我国研制的全射流喷头都是采用附壁式水射流元件，从旋转方式可分为两类，即连续式和步进式。连续式推动喷头旋转的反作用力是单向的，互作用腔内壁为曲线，元件通道截面采用矩形。步进式是间歇施加动力矩使喷头一步一步地近于匀速推进，互作用腔内壁为直线，元件通道截面多采用圆形。由于控制射流附壁的机构（又称脉冲发生器或步进开关）不同。

全射流喷头由旋转密封机构、喷体、喷管（包括稳流器）、水射流元件和换向机构等主要部分组成。

5. 折射式喷头

折射式喷头无运动部件是一种固定式喷头。折射式喷头按功能作用可以分成喷孔、折射面和喷体三部分。

折射式喷头的工作原理为：压力水从喷孔射出，形成高速射流，喷射在折射面上。呈膜状或细小射流向周围成扇形或全圆折射，在空气阻力和水的表面张力的作用下，裂散成细小水滴均匀降落。

和其他类型喷头相比，折射式喷头的主要优点是：要求工作压力低，只需 98.07～196.14kPa 左右，有的 98.07kPa 以下也能正常工作，因而大量节省能源和运行费用；构造简单，只有几个构件，造价低；无运动部件和易损件，可以用塑料等非金属材料制造，几乎不用维修保养；运行可靠，故障少；水滴细小，适合幼嫩作物灌溉；组装容易。它的缺点主要是：喷灌强度大，有的组合喷灌强度远远超过土壤的入渗能力，容易产生积水和径流；射程近，一般只有 5m 左右，用于固定式或人工移动式喷灌系统，需要管道很多。另外，细小的水滴易受风和气流影响，降低了均匀度。

折射式喷头按其构造与功能可分外支座圆锥折射式、半启折射式、内支座圆锥折射式、弧面扇形折射式及外支架全圆锥折射式等。折射式喷头的材质选用铜、塑料、铝合金等。喷孔与折射面常用耐磨、耐腐蚀材料，表面光洁度及同心度要求较高。

4.4.3 喷头主要性能参数

喷头是喷灌系统的关键部分之一，既要考虑机械性能，又要考虑水力性能，同时还要求耗能低。故在设计喷头时，要综合考虑各方面的要求。

1. 喷头的几何参数和工作参数

（1）进水口直径（D）。进水口直径是指喷头进口过水管或空心轴的内径。通常较竖管内径小，因而使流速 v 增加，一般流速应控制在 3～4m/s 范围内，以求水头损失小而又不致加粗竖管（即不致使喷头体积太大）。

D 是根据喷水量确定的。我国 PY1 系列摇臂式喷头的进口公称直径划分为 10mm、15mm、20mm、30mm、40mm、50mm、60mm、80mm 八挡。

（2）喷嘴直径（d）。喷嘴直径为喷头出水口最小截面直径。对于非圆柱段出口截面直径用当量直径表示。它反映在一定工作压力下喷嘴的过水能力。

有效喷嘴直径（当量直径）为

$$d=33.3 \sqrt{\frac{Q_{\mathrm{p}}}{\pi\mu \sqrt{0.2gp}}} \tag{4.1}$$

其中

$$Q_{\mathrm{p}}=\mu A \sqrt{2gH} \tag{4.2}$$

式中　Q_{p}——喷头流量，$\mathrm{m^3/h}$；

　　　H——喷头工作压力，kPa；

　　　A——喷嘴过水断面面积，$\mathrm{m^2}$；

　　　μ——喷嘴流量系数，通常 $\mu=0.85\sim0.95$，设计时取 $\mu=0.9$；

　　　g——重力加速度，取 $g=9.81\mathrm{m/s^2}$。

（3）喷嘴仰角 α（°）。喷嘴仰角是指射流刚离开喷嘴时与水平面的夹角。在同一工作压力和流量的情况下，喷射仰角在很大程度上决定了射程和喷洒水量的分布情况。一般为 $20°\sim30°$，大中型喷头 $\alpha>20°$，小喷头 $\alpha<20°$，有抗风要求和树下喷灌时 $\alpha=7°\sim14°$。

（4）工作压力（p 或 A）。工作压力指喷头进水口前的压力。一般在进口前 20cm 处的竖管上安装压力表测量。

（5）喷嘴压力（p_z 或 H_z）。喷嘴压力指喷头出口处的水流总压力。工作压力减喷头内过流部件的水力损失即为喷嘴压力，喷头流道内水力损失的大小主要取决于喷头的设计和制造水平。工作压力和喷嘴压力应很接近，两者之差应在 49.04kPa 以下。

（6）喷头流量（或喷水量）（Q_{p}）。喷头流量（或喷水量）是指单位时间内喷头喷出的水体积。

喷头流量为

$$Q_{\mathrm{p}}=3600\mu A \sqrt{2gH_z}=(2.96-3.31)d^2 \sqrt{H_z} \tag{4.3}$$

其中

$$A=\frac{\pi d^2}{4} \tag{4.4}$$

式中　Q_{p}——喷头的流量，$\mathrm{m^3/h}$；

　　　μ——喷嘴流量系数，可取 $0.85\sim0.95$；

　　　A——喷嘴过水断面面积，$\mathrm{m^2}$；

　　　g——重力加速度，取 $g=9.81\mathrm{m/s^2}$；

　　　H_z——喷嘴压力，m。

（7）射程（R）。射程是评价任何一种喷头结构是否合理的一项重要参数，是指无风情况下，喷头正常工作时的湿润圆半径，即喷射的有效水所能达到的最远距离，又称喷洒半径。射程可以经测试得出，为了统一标准，也为消除风的影响，应选择在基本无风的清晨或傍晚时进行测试。

射程也可用经验公式估算得出,由于使用范围各异,公式很多。

伊沙耶夫曾导出下列计算射程的公式

$$R = 2H_0 \sin2\theta_0 - 4\lambda \frac{H_0^2}{D_0}\sin^2 2\theta_0 \tag{4.5}$$

若以相对射程表示,则为

$$\frac{R}{D_0} = 2\frac{H_0}{D_0}\sin2\theta_0 - 4\lambda\left(\frac{H_0}{D_0}\right)^2 \sin^2 2\theta_0 \tag{4.6}$$

式中　R——喷头计算射程,m;

H_0——射流收缩断面处的压力水头,m;

D_0——射流收缩断面直径,m;

θ_0——射流相对于水平面的倾角,(°);

λ——射流在空气中喷射时的沿程阻力系数。

黑龙江省水利科学研究所常文海根据实测资料进行统计分析,提出 PY1 系列喷头射程的计算式为

$$R = 1.7 H^{0.45} D_c^{0.487} \tag{4.7}$$

式中　H——喷头工作压力水头,m;

D_c——喷嘴直径,mm。

(8) 喷灌均匀度。喷灌均匀度是指水量在喷灌面积上分布的均匀程度,它与喷头的水量分布图形、转速、摇臂的打击频率和喷头的结构形式有关。对于喷灌系统来说,它还与系统的布置形式、喷头间距、管路间距等因素有关。我国通常用均匀系数 K_0 表示,K_0 计算公式为

$$K_0 = \frac{\bar{\rho}}{\bar{\rho} + |\Delta\rho|} \tag{4.8}$$

其中

$$\Delta\rho = \frac{\sum_{i=1}^{n} |\rho_i - \bar{\rho}|}{n} \tag{4.9}$$

式中　$\bar{\rho}$——所测各点喷灌强度的平均值,或者是多行喷头同时喷洒时的平均喷灌强度;

$|\Delta\rho|$——喷灌强度的平均偏差绝对值;

ρ_i——所测各点喷灌强度。

2. 设计风速与日净工作时间

(1) 设计风速、风向。风速与地区性、空间高度受风物体型等关系很大。我国一般规定三级风以下才能喷灌,三级风时,10m 高空的风速为 3.4~5.4m/s,由于飘移蒸发等损失增加,使喷洒水的有效利用系数 η 降低到 0.7~0.8(低于 2 级风速 3.3m/s 时,$\eta = 0.8 \sim 0.95$)。当喷头使用高度降低时,风速也随之减小,例如,2m 高处用风速仪测得的风速乘以高度折减系数 1.39 才等于 10m 高处的风速。

(2) 设计日净喷灌时间。设计日净喷灌时间与喷灌机(系统)的形式有关,一般机械可靠性好,自动化程度高的,日净喷灌时间也长,最长可按 24h 考虑,因此,在喷头

材质工艺上要求更高。我国一般规定：固定管道式系统喷灌时间不少于12h；半固定管道式系统喷灌时间不少于10h，移动管道式和定喷机组式系统喷灌时间不少于8h；连续自走式机组系统喷灌时间不少于16h。

3.影响射程的因素及风对射程影响的分析

（1）影响射程的因素。影响射程的因素主要决定于工作压力和流量。实际上，其他影响因素还很多，如喷嘴形状、喷射仰角、喷管结构、旋转速度、整流器、粉碎机构和风等。

当喷嘴直径一定时，射程随着压力的增高开始迅速增加，然后变慢而接近某一极限后停止增加，即到此值后，无论压力增加多少也不会使射程再增加。喷嘴直径越大，极限射程也就越大。

喷头旋转速度过快会引起射程急剧下降，通常采用的旋转角速度为 0.1～1rad/min 时，其射程要比喷头静止喷洒时的射程减少 5%～15%，对于射程远、转速快的喷头，射程减少的百分数更大一些。因此，旋转式喷头一般都应设计成转速可以调节的形式，如摇臂式喷头就可用摇臂的张紧力进行调节。

喷嘴结构和工艺对射程也有一定的影响，集中反映在流量系数 μ 或射程动能上。射流动能大，说明能量损失小，流量大，射程远。射流动能 $E=\sqrt{2g}\gamma\mu^3\omega H^{1.5}$，表明 $E\propto\mu^3$。流量系数 μ 最明显地反映在喷灌锥角、喷嘴收缩度（喷嘴进出口断面面积之比）及光洁度上。

（2）风对射程影响的分析。风速3～5m/s时，射程和灌溉面积形状会发生很大的变化。而且，工作压力越高时，这种影响越显著，飘移损失也越大。如果在无风时，灌溉面积是以射程 R 为半径的圆形，而在有风时，则变成椭圆形，其长轴与风的方向重合，短轴与风的方向相垂直，随着风的加大，灌溉面积形状变化也会加大。当风速超过5.5m/s，即四级以上时，不建议进行喷灌。

4.影响抗风喷头抗风效果的几个因素

（1）喷头旋转速度。对于旋转喷头，喷头的旋转角速度不能太小，因为转速太慢瞬时喷灌强度很高，对土壤和作物均不利。对于所设计的抗风喷头，由于受到传感器及执行机构动作的限制，为避免引起反馈控制调节的滞后，要求抗风喷头的旋转速度不能太快。因此对于中压喷头，角速度以 1.2～1.3rad/s 较好，即转动一圈的时间为 4.5～5.0min，或为 0.20～0.22r/min。

（2）喷头仰角。由于受空气阻力、水滴重力以及空气浮力等作用，喷头仰角为32°时，喷头射程最远。当喷头顺风喷洒时，水滴在风力作用下喷洒距离变大；当逆风喷洒时，雨滴由于风的作用喷洒距离变小。为设计喷头射程不变的抗风喷头，设定初始喷射仰角为20°，即当无风喷洒时，喷射仰角为20°。当喷头逆风喷洒时，水滴喷洒距离变小，此时调整喷头仰角到20°～30°之间，由于喷头仰角改变引起的喷洒距离变大会补偿逆风喷洒对喷洒距离的影响而使喷头射程不变。相反，当喷头顺风喷洒时，水滴喷洒距离变大，此时调整喷头仰角到小于20°，由于喷头仰角改变引起的喷洒距离变小会补偿顺风喷洒对喷洒距离的影响而使喷头射程不变。

4.4.4　抗风喷头的结构设计

1. 抗风喷头的设计要求及设计原则

（1）抗风喷头的设计要求。风速对喷灌质量有很大的影响，在风速大于 5m/s 的情况下，远射程喷灌装置多半停止运行。同时，有风情况下喷头喷洒的面积也会受到很大的影响，顺风时喷射距离会变远，逆风时喷射距离会变近，不能准确地喷洒到指定的灌溉区域，喷洒区域从无风时的圆形变为椭圆形，这就使喷灌装置的有效利用率大大降低。针对以上问题，有必要研究一种可以由风力自动调节喷射仰角以降低风速对喷灌质量影响的新型喷头。由于喷头喷灌时一直都在旋转，故要求抗风喷头能及时响应风向、风速的变化，实时地作出调整。

（2）抗风喷头的设计原则。对现有喷灌用喷头的机构形式和原理进行分析总结，并对喷头射程的影响因素进行分析研究，提出较为满意的设计方案，是研究和设计抗风喷头的基本思想。对抗风喷头的设计原则，主要从以下几个方面进行考虑：

1）能实时地感应风力的大小及风向的变化并作出相应的调整，以使喷头射程不变。

2）制造工艺简单，即大规模生产该喷头所需工艺简单、投入少、质量可靠，工作可靠性要高。

工作可靠性是抗风喷头实现机械设计的首要原则。工作可靠性主要表现在能很好地实现抗风功能，喷头安装简单，使用时无需太多调整，使用周期长等。

2. 抗风喷头的实现方法研究

抗风喷头的实现途径：在理论上，喷头射程的影响因素除了喷头的结构参数和类型外，还有工作压力、喷嘴形状和大小、喷射仰角、粉碎机构和旋转速度等内外部条件，如图 4.27 所示。使抗风喷头的射程在不同风力下保持不变就是通过改变这些因素来完成的，不同实现途径改变因素不同。

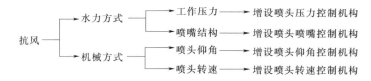

图 4.27　抗风喷头射程的影响因素

在研究现有喷头的基础上，对其不合理的因素加以改进，形成全新的抗风喷头的结构。现有喷头的三维图如图 4.28 所示，总体可分为以下几个部分：

（1）旋转密封机构。喷头能绕充满压力水的竖管做旋转运动，这就需要有旋转密封机构来保证喷头在喷洒过程中，既能绕自轴匀速旋转，而又不致漏水。旋转密封机构一般包括空心轴、空心轴套、密封垫圈、防砂弹簧及减磨垫圈等。旋转密封机构如图 4.29 所示。

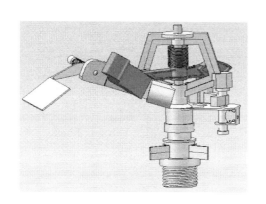

图 4.28 现有喷头的三维图

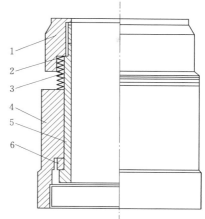

图 4.29 旋转密封机构
1—竖喷管；2—O 形密封圈；3—防砂弹簧；
4—空心轴套；5—空心轴；6—密封垫圈

（2）空心轴。空心轴为一根耐磨材料制成的直管，它既能过流，又可作为旋转轴。其上端用螺纹和竖喷管相连，连接处上缘有密封 O 形垫圈。下端有一凸缘顶在空心轴套上，并承受压力水对喷头的上托力。

（3）空心轴套。空心轴套是套在空心轴外并与竖管连接的部件，其内径与空心轴外径采用间隙配合，下部采用螺纹形式与竖管连接。

（4）密封垫圈。密封垫圈是指空心轴突缘和空心轴套端面之间的垫圈，起减少摩擦和密封止水的双重作用。

（5）防砂弹簧及 O 形密封圈。喷头开始工作时，水压力是逐渐增加的，直至达到正常工作压力。因此，旋转密封机构间开始的压力较低，间隙大，水中夹带的泥沙很可能随水进入间隙，以致加速 O 形密封圈的磨损。为了减少这种磨损，故在喷头竖管和轴套之间加一防砂弹簧，使摩擦副经常保持紧密接触，防止泥沙窜入垫圈，同时还可补偿因摩擦面磨损而产生的间隙。

3. 现有喷头实验

通过实际测量，可以得出喷头在不同条件下的射程。风速与射程变化对照见表 4.9。

在顺风和逆风方向上，角度与射程变化对照见表 4.10。

应用 Matlab 拟合工具箱，可拟合出风速与各个方向的喷头射程改变间的关系曲线、喷头仰角与喷头射程改变间的关系曲线以及当射程不变时风速和喷射仰角之间的关系曲线。风速与射程的关系曲线如图 4.30 所示。

图 4.30 右侧的角度是表示喷头与测量点形成的直线与风向的夹角，0°表示顺风，90°表示与风向垂直，180°表示逆风。角度与射程变化的关系曲线如图 4.31 所示。

确定设计的喷头处为宽为 2.5mm 的扇形开口，扇形开口的角度为 68°，当量直径为 3.37mm。

表 4.9　　　　　　　　　　　　　　　风速与射程变化对照　　　　　　　　　　　　　单位：m

风速	方　　向						
	0°	30°	60°	90°	120°	150°	180°
0	17.12	17.12	17.12	17.12	17.12	17.12	17.12
1	18.36	18.20	17.75	17.14	16.28	15.83	15.66
2	19.57	19.26	18.40	17.18	15.71	14.78	14.43
3	20.76	20.31	19.05	17.27	15.18	13.74	13.19
4	22.35	21.34	19.70	17.11	14.69	12.74	11.93
5	23.54	22.78	20.36	17.25	14.25	11.71	10.65

注　方向指喷头与测量点所在的直线与风向所成角度。

表 4.10　　　　　　　　　　　　　　　角度与射程变化对照　　　　　　　　　　　　　单位：m

风向	角 度 改 变									
	1°	2°	3°	4°	5°	6°	7°	8°	9°	10°
顺风	1.1500	2.3000	3.5100	4.2800	5.4700	6.1675	6.7500	7.2100	7.5570	7.7868
逆风	1.1500	2.3000	3.5100	4.2800	5.4700	6.1675	6.7500	7.2100	7.5570	7.7868

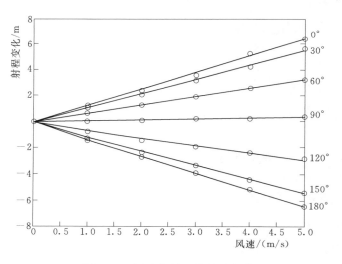

图 4.30　风速与射程的关系曲线

　　根据反馈式自适应抗风喷头的设计要求及作用原理，所设计的喷头要求实现以下动作。

　　(1) 旋转运动。为防止出现抗风喷头反馈控制调节的滞后，要求抗风喷头的旋转速度不能太快。喷头旋转速度与喷灌强度有关，旋转速度快，喷灌强度低；旋转速度慢，喷灌强度高。因此其旋转速度应为使其喷灌强度略小于土壤允许的喷灌强度为宜，不必相差太多。

　　抗风喷头的旋转依靠出水口水流在水平方向的反作用力及旋转密封机构来实现，

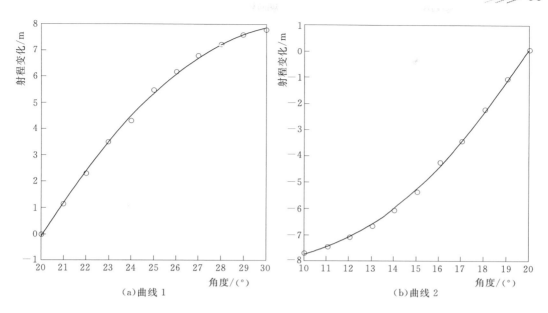

(a)曲线1　　　　　　　　　　　　(b)曲线2

图4.31　角度与射程变化的关系曲线

其旋转速度可以通过调节出水口距离旋转密封机构轴线的距离即力臂及旋转密封机构密封垫片的粗糙度来实现。出水口水流竖直方向的反作用力可由刚性的喷头本体承担。

（2）控制仰角变化的运动。现有的旋转喷头的喷射仰角在喷洒过程中是固定不变的，要使反馈式自适应抗风喷头的喷射仰角实时地随着风力的大小变化是抗风喷头结构设计中的重点。如果采用软管来实现喷射仰角可变，由于水压的作用会使其仰角变化需要的力非常大，故抗风喷头出水管与喷头入水管。采用密封轴承及垫片来连接，以使喷头仰角在很小的外力的作用下就可以发生改变。

（3）感风调节机构的运动。设计中采用感风板作为传感器来感应风力的大小并将此风力转化为抗风喷头的仰角变化。但如果喷头本体装在感风板上，由于喷洒开始时水压是缓慢加载逐渐达到工作压力的，出水口处水流也是由少向多逐渐过渡的，因此由于出水口处水流的反冲力大小变化，用来平衡出水口水流反冲力的平衡重需要根据出水口处出水量大小变化而变化，喷洒结束时同样会有上述问题存在。假使不考虑水压过渡的过程（水压过渡的过程很短），由于出水口水流的反冲力需要在相反方向安装平衡重，平衡重会使抗风喷头的结构尺寸及重量变大，不利于成本控制，因此喷头本体不能装在感风板上。

在研究现有喷头结构基础上，采用增设仰角控制机构和感风调节机构的设计方案来实现抗风功能。感风调节机构由感风板、感风板平衡块及感风板支撑轴组成。感风板在风的作用下的转动角度与感风板支撑轴、喷头出水管的转动角度大小相等。

4.抗风喷头的结构

根据喷头的工作原理和抗风喷灌的要求，设计了如图4.32和图4.33所示的反馈式抗风喷头。由于要求加入感风板及喷头仰角的控制机构等,该喷头的结构与传统的喷头形式有很大的不同。其结构特点是在喷头上方装有一感风板,在感风板下部装有感风板平衡块。在无风喷洒时,感风板由感风板平衡块平衡。在有风喷洒时,感风板在风的作用下带动感风板平衡块一起转过一个角度,使喷嘴喷出水柱角度发生变化以调节抗风喷头的仰角,旋转密封机构通过旋转以调节抗风喷头喷嘴的位置,两者共同实现反馈自适应可调抗风的目的。抗风喷头的结构如图 4.32 所示。

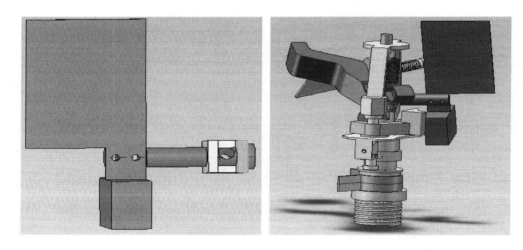

图 4.32　反馈式抗风喷头的三维图

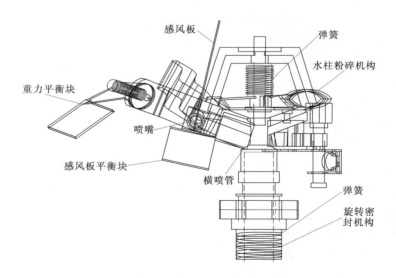

图 4.33　抗风喷头的结构示意图

通过实验,经改进设计后的喷头,喷射仰角可随风向自动改变一个相反的方向,来达到抗风的目的。喷射水柱同时可以在水平范围内旋转运动,实现了喷头仰角可自动调节和喷射水平范围旋转的合成运动,实用性较强。

本 章 小 结

  本章确定了系统的内容、技术指标、上位机硬件设计与选型、下位机硬件设计与选型、外壳的设计、抗风喷头的设计等方面的详细内容。

第5章 主要设备选型与配置

5.1 无 线 传 感 器 网 络

无线传感器网络（WSN）体系结构如图 5.1 所示，其基本构成部分有传感器节点（Node）、信息汇聚节点（Sink）和任务管理节点。传感器节点布置在监测区域内，当采集到数据信息后就会按照某种传输方式将数据包向信息汇聚节点传输，在多跳传输的过程中数据信息可能会被处理，最后通过现有的网络或者卫星到达任务管理节点。用户通过任务管理节点就能获取想要的信息，同时管理者也可以通过管理节点向无线传感器（WSN）网络发送任务指令，实现在线控制。

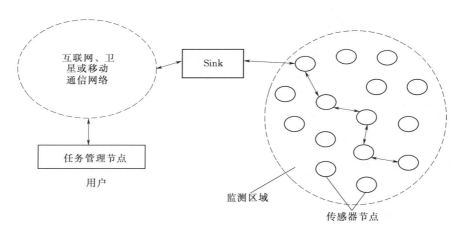

图 5.1　无线传感器网络体系结构

目前，WSN 的初始布置有两种方案：一种是大规模的随机布置；另一种是有计划的布置。当工作环境为人员不可达时，节点只能通过飞行器或者其他等随机撒播的方式来布置，这种方式称之随机布置节点。相反，当节点可以被精确布置到工作区域中指定的位置时，称之为计划布置节点，目前这种布置方式在实际应用中很常见，适合于网络节点数目较少的应用环境。鉴于 WSN 规模大、密度高，在随机布置时可能导致节点分布密度疏密不均，覆盖呈现出盲区或者重叠，很容易导致节点在通信时出现区域性中断。因此，在初始布置节点后，还要采取相应的覆盖控制方法达到理想中的网络。

5.2 采集传感设备

5.2.1 自保持式电磁阀

考虑到节省电能，电磁阀选择低压脉冲控制的自保持式电磁阀。低压脉冲电磁阀实物如图 5.2 所示。

(a) (b) (c)

图 5.2 低压脉冲电磁阀实物图

低压脉冲电磁阀使用规格见表 5.1。

表 5.1 低压脉冲电磁阀使用规格

使用介质	液态水等适合于该产品工作的液体	使用介质	液态水等适合于该产品工作的液体
介质温度	1~88℃	过滤功能	可拆卸清洗过滤装置
连接方式	4 分外螺纹/6 分内螺纹	止回功能	有
电磁阀材质	阀体部分为塑料，接头为铜材	动作特征	20 万次后无异常
使用电压范围	额定电压±10%	可选电源	DC 9V

5.2.2 压力传感器

压力传感器采用负压型压力传感器，其主要性能有：量程为 $-0.1 \sim 1.5$ MPa；连接方式为 G1/2 外螺纹；精度等级为 0.1 级；输出信号为 $4 \sim 20$ mA 或 DC $0 \sim 5$ V；供电电压为 DC $12 \sim 36$ V；介质温度为 $-40 \sim 85$ ℃；环境温度为 $-20 \sim 85$ ℃；负载电阻为电流输出型电阻（最大 800Ω）和电压输出型（大于 50kΩ）；绝缘电阻为大于 2000MΩ（DC 100V）的电阻；密封等级为 IP68；长期稳定性能为 0.1%FS/年；振动影响为在机械振动频率 $20 \sim 1000$ Hz 内，输出变化小于 0.1%FS；电气接口（信号接口）为高性能防水接头。管道压力传感器（防水型）技术参数见表 5.2。

5.2.3 土壤湿度传感器

土壤湿度传感器测量的土壤湿度值是判断是否给灌溉对象进行灌溉的重要依据。俞希根教授曾于 1999 年提到利用测量土壤湿度的方法来对灌溉进行控制，实际上就是根

表 5.2 管道压力传感器（防水型）技术参数

使用介质	气体、液体 （对不锈钢没有腐蚀的气体和液体）	使用介质	气体、液体 （对不锈钢没有腐蚀的气体和液体）
测量范围	$-0.1\sim1.5\text{MPa}$	介质温度	$-40\sim85℃$
连接方式	G1/2 外螺纹	输出信号	4～20mA 或 DC 0～5V
压力类型	负压	防护等级	IP68
精度等级	0.1 级	供电范围	DC 12～36V

据含水量的上下限来控制土壤水分含量。此外，不同种植方式、不同灌溉对象、不同土壤质地等情况下的土壤灌溉门限值以及对土壤湿度的补偿值均有所不同。因此在灌溉的同时，应考虑各种作物蓄水规律、农田保水性能以及水资源的补充情况。一般情况下，土壤湿度的最大门限值规定为田间持水量，而最小门限值规定为稍大于作物凋萎系数。

土壤传感器埋入土壤里的深度也是选择土壤传感器需要考虑的问题。杨绍辉教授等于 2005 年曾对土壤水分在垂直方向上的变化规律作了仔细的对比和分析，包括 R 型谱系聚类分析和相关性分析。试验场所位于北京水利水电中心试验基地。其研究表明土壤在垂直方向的蓄水规律具有较高的相关性，而且距离较近的深度，其相关性指数也较高。由此可见，若想判断 0～100cm 处的土壤湿度值，就不需要每隔 10cm 深度就布置一个传感器进行测量，而只需要对某几个深度的土壤湿度值进行取样就可反映所有深度的土壤含水状况。通过其用 R 型谱系聚类法对土壤湿度相关性的研究，结果表明，若想测量 0～100cm 处的土壤湿度值，只需对深度为 10cm、20cm、30cm 处地方的土壤布置土壤湿度传感器进行测量，就可完成对 0～100cm 深度的整个土壤湿度的估计。

5.3　水肥一体化系统

水肥一体化系统以全自动灌溉施肥机为核心，主要由电机水泵、施肥装置、混合装置、过滤装置、EC/pH 检测监控反馈装置、压差恒定装置、自动控制系统等组成。实现依据输入条件或土壤墒情、蒸发量、降雨量和光照强度等传感器，全自动智能调节和控制灌溉施肥。在施肥过程中，可对灌溉施肥程序进行选择设定，并根据设定好的程序对灌区作物进行自动定时、定量地灌溉和施肥。

水量一定的情况下，当耦合液中尿素含量增加，耦合液浓度也会相应增加，此时氮元素浓度增加，EC 值增加。故 EC 值的大小可以反映耦合液氮元素的浓度和尿素的含量。系统预设的水肥耦合模型为

$$Q=\frac{0.46(1-x_1)}{x_1}=\frac{0.46\left(\sqrt{\dfrac{184.89-y_1}{0.2598}}-8.97\right)}{9.97-\sqrt{\dfrac{184.89}{0.2598}}+99.4}$$

式中 Q——需灌水量，L；

y_1——目标耦合液 EC 值，mS/cm；

x_1——目标耦合浓度。

同时，完美的自动灌溉施肥程序为作物及时、精确的水分和营养供应提供了保证。自动灌溉施肥机具有较广的灌溉流量和灌溉压力适应范围，能够充分满足温室、大棚等设施农业的灌溉施肥需要。

5.4　无线远传视频监控

针对系统应用于现代高效农业示范园区面积分布广、不方便布线的特点，同时要满足项目区高效、统一管理（如及时了解基地生产整体状况、生产员工技术培训、日常管理文件上传下达等）等新的现实需求，需要解决以下问题：①项目区在生产过程中出现过生产设施和农产品被盗和生产工人操作不规范等现象；②随着项目区新设施设备、新品种不断引进和气候不断变化，项目区运行管理任务繁重，工作量大；③项目区涉及人员较多，消费者、游客、生产人员及附近居民较多，需对项目区设施和设备进行有序管理；④需对外发布项目区作物的现代农业设施、作物栽培品种、栽培技术和作物生长情况及种植管理情况，展示食品安全性的特点。因此，独具农业特色的无线网桥传输覆盖园区，无线视频监控进行现场实时视频采集等监控是现代生态农业产业园区安全生产的有力保障。无线视频监控系统网络拓扑如图 5.3 所示。

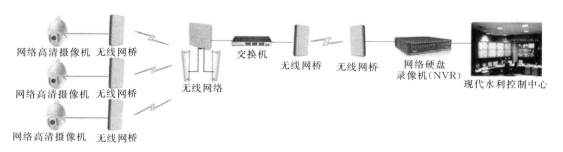

图 5.3　无线视频监控系统网络拓扑

5.5　泵房水池自适应控制

泵房控制级主要由分站、变频器、液位传感器、水泵控制器和 GPRS 等组成，同时水处理房安装电磁阀，综合实现水位自动检测、临界水位报警、水泵启停、水泵转速（调节进出水量）等功能，实现水泵根据水池水位变化自动启停、根据需水量的要求自动调节进出水量，进而达到水泵房的无人化及自动化管理的目的。

高位水池的水位监测是通过液位传感器来实现的，与水处理、加压泵、电磁阀阵共同组成闭环控制系统。压力传感器、流量传感器通过监测管网的压力和流量来确保灌溉系统的安全运行。

控制算法采用比例-积分-微分（PID）控制与模糊控制算法相结合，实现泵房、水池、水处理的自适应控制。根据设计图纸，位于项目区的高位水池为 1 个，故设计中高位水池部分需设置 1 套泵房水池图适应控制系统。吸水池液位控制系统原理如图 5.4 所示。

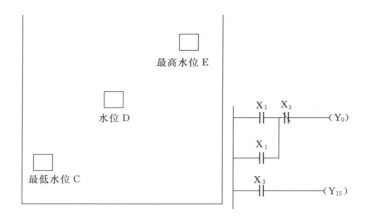

图 5.4　吸水池液位控制系统原理

具体说来，工程在分析给排水泵站能耗特点的基础上，对泵站各组成部分进行了数学描述，建立了调度任务和约束的数学描述模型，并采用遗传算法结合泵站能耗分析和效率计算对调度问题进行优化，从而通过调度的优化达到泵站运行节能的目的。

1. 数学模型的建立

为了确定泵站的最优运行方式，需要研究水泵、电机和变压器等设备的工作特性，从而根据工作条件，按各设备的性能找出各种设备运行方式的最优组合。

2. 调度目标和约束条件

根据泵站运行的不同要求，其优化调度的目标也不同，如泵站所在地的自然条件不同，如气候、降雨和地形等。因此泵站的优化调度目标有弃水量最小、能耗最小和国民经济效益最大等。

工程将以泵站机组总的功率消耗最小为目标，在满足各时段流量要求和扬程要求的前提条件下，使泵的能耗最少。

3. 优化算法的应用

为了求解优化调度问题，需要采取合适的优化算法，构造算法的目的是能够解决问题的所有实例而不单单是问题的一个实例。理论上，组合优化的最优解可以通过穷举的方法找到，但是在许多实际问题中可行解的数目是巨大的，人们称其为组合爆炸，一般的优化算法难以有效地解决组合优化问题。

5.6 防 雷 设 计

高位水池处于海拔较高位置，信号采集部分极易被雷电击毁，损坏仪器设备，影响系统性能的发挥。系统设计时必须要做好防雷部分的设计，本方案采用 4 套球状型雷电接闪器分布于高位水池的四周。该球状型雷电接闪器是一条无感性、低阻抗的金属内导体引下线，把接闪后的雷电电流输送到大地，并使被保护的天线铁塔或建筑物不发生侧击且不带电。在大多数的情况下，静电场电缆的冲击小于铁塔阻抗的 1/10，避免了建筑物或铁塔带电，消除闪络。球状型雷电接闪器的最大特点是覆盖面积大，泄放雷电能力强。

安装球状型雷电接闪器前，需在安装位置浇筑水泥基座，规格尺寸为 400mm×400mm×600mm（长×宽×高）并预埋地脚螺栓或膨胀螺丝。然后安装避雷针，避雷针底座固定在预先设置的预制水泥基座上，避雷针塔杆底座与水泥基座用地脚螺栓或膨胀螺丝可靠连接。避雷针应该安装在杆塔、铁塔或其他建筑物上，避雷针的法兰盘必须高出最高保护物 1.5m 以上，根据这一要求设置加高杆塔或铁塔高度。为保证接闪器的安全可靠，需遵守以下原则：雷雨日不可进行避雷针的安装和检测；避雷针接地线必须与接地棒可靠连接，接地线为黄绿相间色，截面积为 2.5mm^2 的多股铜导线；定期检查（一年检查一次）避雷针各连接螺杆、焊接处是否牢固，接地引下线是否与接地系统连接可靠，如发现连接螺杆、焊接处被腐蚀严重，则须更换螺杆重新连接，原焊接处需重新焊接。

5.7 远程网络气象监测站

农业气象灾害一般是指农业生产过程中导致作物显著减产的不利天气或气候异常的总称。农业气象灾害的发生及其危害决定于气候异常与农业对象，其影响往往是大范围的。农业气象灾害是农业生产的重大威胁，造成粮食产量的大幅度波动。使用远程网络气象监测站进行灾害损失评估和灾害等级划分，是农业气象灾害学研究的一个重要领域，对园区的安全生产起到重要的保障作用。

1. 远程网络气象监测站的特点

远程网络气象监测站用于对大气温度、相对土壤湿度、风向、风速、雨量、气压、太阳辐射、土壤温度、土壤墒情、能见度等众多气象要素进行全天候现场监测，具有手机气象短信服务功能，可以通过多种通信方法与气象中心计算机进行通信，将气象数据传输到气象中心的计算机气象数据库中，用于对气象数据统计分析和处理。

远程网络气象监测站由气象传感器、微电脑气象数据采集仪、电源系统、防辐射通风罩、全天候防护箱、气象观测支架和通信模块等部分构成。土壤湿度、风速风向等传感器为室外气象专用传感器，具有高精度、高可靠性的特点。

（1）远程网络气象监测站可根据用户需求的测量要素灵活搭配各种传感器。传感器均为国内一线产品，具有检测精度高、功耗低、抗强磁干扰、防水、防腐蚀、体积小等优点。

（2）远程网络气象监测站可以和气象信息显示屏配合使用。气象信息显示屏是专门用于实时显示气象数据和其他业务信息而设计的专用设备。它适用于显示文字、文本、图形、图像、动画等各种信息，可在室外全天候运行。该设备是在公共场所进行气象数据显示及信息发布和企业形象宣传的有效工具和良好窗口。红色 LED 显示屏采用高亮度发光元件，可在户外强光下清晰显示。屏内显示尺寸有 120mm×640mm 的小屏、400mm×1000mm 的中屏和 1000mm×2000mm 的大屏。

（3）远程网络气象监测站内置大容量数据存储器，可存储 8000 条数据，连续存储整点数据 6 个月以上。同时数据采集器可扩展 FS－1 型外置存储模块。FS－1 型外置存储模块结合了移动存储器及数据通信格式转换技术，将移动存储器（U 盘）与监测仪器的数据通信口连接就可完成实时监测数据的连续存储，可替换移动存储器（U 盘）将已得到的监测数据导入微机。解决了监测周期长、数据采集间隔小、数据量大等问题，具有无限量存储容量、操作方便、数据实时可靠等特点。

（4）远程网络气象监测站管理软件在 Windows XP 以上环境即可运行，实时显示各路数据，每隔 10s 更新一次，每组数据自动存储（存储时间可以设定），存储格式为 Excel 标准格式，也可与打印机相连自动打印存储数据，也可生成标准气象图文报表及统计分析曲线。

（5）系统具有多种供电方式，即交直流两用或配太阳能电池供电。太阳能电池功率为 30W，在满电状态下可保证气象站连续 7 天不间断供电。

（6）远程网络气象监测站拥有强大的组网能力，可通过局域网或无线网进行网络化数据监测，局域网可通过调制解调器（Modem）、光纤网、路由器等进行组配。无线网可根据通信距离分为短距离无线传输、中距离无线传输、长距离无线传输三种无线传输方式，一般情况采用 GPRS 或 GSM 两种传输方式，可实现异地城市之间数据的收发。

（7）远程网络气象监测站一般长期运行于各种恶劣的室外环境中，TRM－ZS2 型数字高精度自动气象站观测支架整体采用不锈钢材料，具有良好的防腐蚀性，安装支架高度包括 2m、3m、6m、10m，用户可以根据需要选择适合高度。

（8）可靠的三防设计。远程网络气象监测站的防护级别达到 IP65 级，并且具有完善的防雷击、抗干扰等保护措施。

（9）系统的工作环境为。温度为 −50～80℃，土壤湿度为 100%，远程网络气象监测站的抗风等级为不大于 75m/s。

2. 远程网络气象监测站的技术指标

远程网络气象监测站技术指标见表 5.3。

表 5.3   远程网络气象监测站技术指标

序号	气象要素	测量范围	分辨率	准确度
1	大气温度	$-40 \sim 80℃$	0.1	± 0.4
2	相对土壤湿度	$0 \sim 100\%RH$	0.1	± 3
3	风向	$0° \sim 360°$	3	± 3
4	风速	$0 \sim 60m/s$	0.1	$\pm(0.3+0.03)V$
5	气压	$300 \sim 1100hPa$	0.1	± 0.3
6	降水量	—	0.1	$\pm 2\%$
7	蒸发	$0 \sim 100mm$	0.1	$\pm 1\%$
8	总辐射	$0 \sim 2000W/m^2$	1	$\leqslant 5\%$
9	直接辐射	$0 \sim 2000W/m^2$	1	$\leqslant 5\%$

3. 远程网络气象监测站的系统组成

远程网络气象监测站系统组成见表 5.4。

表 5.4   远程网络气象监测站系统组成

序号	设备型号/名称		使用说明	配置说明
1	传感器	PTS-3 型环境温土壤湿度传感器	用于测量用户所需的各个气象参数，单个单元具体测量参数可见传感器介绍	产品所配传感器不局限于此，用户可以根据具体使用情况提出要求，可根据用户要求增减测量要素
		EC-9X 型数字风向传感器		
		EC-9S 型数字风速传感器		
		L3 型雨量传感器		
		QA-1 型气压传感器		
		ZFL1 型水面蒸发传感器		
		TBQ-2 型太阳总辐射表		
		TBS-2-2 型直接辐射传感器		
2	TRM-ZS1 自动气象站记录仪		具有液晶显示汉字与图形显示功能，可采集、显示、记录气象数据	一台记录仪为气象站标准配置
3	观测支架		气象专用观测支架，用于放置传感器，防护箱等气象设备	用户可以根据现场情况选择观测支架的规格和安装方式
4	TRM-ZS2 监测系统分析软件		对监测数据进行实时分析	用户可以根据气象站的具体使用用途提出具体要求
5	通信方式	有线通信	有线通信方式包括标准 RS-232、RS-485、USB、RJ 45 通信接口，最长通信距离可达 1000m	用户可根据具体的使用情况和组网需求来灵活搭配通信方式
		无线通信	无线通信方式包括无线数据传输和 GPRS 网络通信三种方式	

序号	设备型号/名称	使用说明	配置说明
6	电源系统	系统可利用电源为 AC 220V、DC 12V 或者太阳能供电	用户根据现场情况配置
7	FS-1U 盘存储控制器	外置存储模块结合了移动存储器及数据通信格式转换技术，可将系统内的数据永久保存	用户可根据具体要求选择是否购买该配置

本 章 小 结

　　本章完成了无线数据传输模块、采集传感设备（包括土壤墒情传感器、管道流量计、自保持式电磁阀、压力传感器、控制器与智能 GPRS 无线控制终端）等的选型与配置。同时，对水肥一体化、无线远传视频监控、泵房水池自适应控制、防雷设计远程网络气象监测站等部分进行了详细的选型与配置。

第6章 太阳能供电功率核算

太阳能供电模块主要负责对整套灌溉控制系统的田间采集控制部分提供电能，保证系统能正常运行。各节点太阳能供电模块分别由太阳能电池板、太阳能充电控制器以及蓄电池三部分组成。太阳能电池板负责将太阳能转换为电能，太阳能充电控制器负责控制将太阳能电能保存到蓄电池中的过程。

控制系统由控制器和无线串口数据收发模块等组成。整套系统供电电压为 24V。

太阳能电池板在光照条件下将光能转换为电能，对蓄电池进行充电，同时为下位机节点提供能量；在无光照条件下，蓄电池对下位机节点供电。下位机节点主要有 LCD、传感器、无限传输模块、脉冲电磁阀等装置消耗能量，通过设置单片机休眠状态使其工作在低功耗模式，其供电拓扑结构如图 6.1 所示。

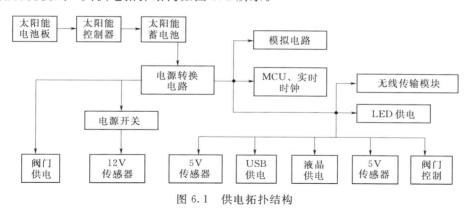

图 6.1 供电拓扑结构

6.1 上位机太阳能部分的计算

6.1.1 系统典型功耗测量

系统的用电负载有 ARM 开发板、数据收发模块等。其中 ARM 开发板、数据收发模块全部采用 5V 供电。上位机各器件的功耗见表 6.1。以最大电流消耗值为标准，

表 6.1 上位机各器件的功耗

器件名称	工作电压/V	最大电流消耗/mA	功率消耗/W	数量
ARM 开发板	5	300	1.5	1
数据收发模块	5	50	0.5	1
合计		350	2	

综合计算得出一块上位机的能量消耗：电流消耗约为 350mA，功率消耗约为 2W。

6.1.2　供电系统各参数计算

1. 太阳能电池板的选择

（1）根据贵州省气象条件多年统计数据，最长的阴雨天设定为 20d，核查光照条件，20 个阴雨天后一般是 5 个晴天。太阳能年平均日照小时数，取 4.5h。

（2）太阳能电池板功率为

$$P_s = \frac{PHN_1}{\xi T_2} \tag{6.1}$$

式中　P——用电负载，取 $P=1.6W$；

$\quad\quad H$——负载每天工作小时数，取 $H=12h$；

$\quad\quad N_1$——连续最长的阴雨天数，取 $N_1=20$，即在没有光照的情况下，系统能持续工作 20d；

$\quad\quad \xi$——安全系数，包括充放电效率，灰尘遮挡系数等综合系数，电池组件组合损失修正系数，取 $\xi=0.9$；

$\quad\quad T_2$——太阳能年平均日照小时数，取 $T_2=4.5h$。

（3）太阳能电池板参数。太阳能电池板分为单晶硅和多晶硅两种。单晶硅太阳能电池板能量转换效率高，稳定性好，相对成本也较高。从材料成本来看，多晶硅太阳能电池板低于单晶硅太阳电池板；从制造方面来看，多晶硅太阳能电池板组件封装成本较低，且易于制备成方型。目前在生产的晶体硅太阳能电池板中，多晶硅太阳能电池板的规模也在不断扩大。

在本系统设计中，考虑到贵州光照条件和时间都不是很充裕的条件，选用能源转化效率较为高效的单晶硅太阳能电池板，经计算需配置的太阳能电池板功率为 79W，为保证一定的裕量，选择 100W 太阳能电池板，将太阳辐射能源直接转换成直流电能，经控制器存储于蓄电池内备用，供负载使用。在标准光照（AM 1.5，1000W/m² ）辐照度，25℃的环境温度下，单晶太阳能电池板参数见表 6.2。

表 6.2　　　　　　　　　　　　　单晶太阳能电池板参数

型号	单晶 100W	型号	单晶 100W
电池元件类型	单晶	开路电压	21.6V
峰值功率	130W	最大系统电压	75V
峰值电压	17.6V	重量	3.6kg
峰值电流	2.7A	尺寸	1152mm×676mm×30mm
短路电流	2.95A		

2. 蓄电池的选择

（1）蓄电池容量（B_c）为

$$B_c = \frac{AQN_1D}{C} = 84 (\text{Ah}) \tag{6.2}$$

式中　A——安全系数，在 1.1～1.5 之间，取 $A=1.2$；

　　　Q——负载平均耗电量，工作电流乘以日工作小时数，即 $Q=0.35\times8=2.8 (\text{Ah})$；

　　　N_1——最长连续阴雨天数，取系统设定天数 20d；

　　　D——修正系数，-10℃以下时取 $D=1.2$，$-10\sim0$℃时取 $D=1.1$，一般工作环境在 0℃以上时取 $D=1.0$；

　　　C——蓄电池放电深度，碱性镍镉蓄电池取 $C=0.85$，全密闭免维护铅酸蓄电池取 $C=0.8$。

经计算需配置的太阳能电池板功率为 84Ah，考虑到系统长期使用，维护不便等特点，同时为保证一定的裕量，采用密闭免维护铅酸蓄电池（120Ah，12V）。

（2）实际电池耗电量 B_s（连续 20 个阴雨天）为

$$B_s = AQN_1 = 1.2\times2.8\times20 = 67.2 (\text{Ah}) \tag{6.3}$$

3. 控制器的选型

太阳能控制器的作用是对蓄电池起到过充电保护、过放电保护的作用，并控制整个系统的工作状态。本项目所选控制器的型号为 CY-B1，所选的控制器能够满足要求。CY-B1 太阳能充电控制器参数见表 6.3。

表 6.3　　CY-B1 太阳能充电控制器参数

型　　号	CY-B1
电压	12V
额定充电电流	5A
额定负载电流	5A

6.2　下位机太阳能部分的计算

6.2.1　系统典型功耗测量

系统的用电负载有脉冲电磁阀、土壤湿度传感器、单片机、数据收发模块等。其中脉冲电磁阀和土壤湿度传感器均采用 24V 供电，单片机及数据收发模块采用 5V 供电。下位机各器件功耗见表 6.4，计算时各器件都以最大电流消耗值考虑，通过总体计算得出一块下位机的能量消耗：电流约为 40mA，功耗约为 0.865W。

表 6.4　　　　　　　　　　　下 位 机 各 器 件 功 耗

器件名称	工作电压/V	最大电流消耗/mA	功耗/W	数量
脉冲电磁阀	24	30	0.720	1个
土壤湿度传感器	24	5	0.120	1个
单片机	5	3	0.015	1台
数据收发模块	5	2	0.010	1个
合计		40		

6.2.2　供电系统各参数计算

1. 太阳能电池板的选择

（1）根据本地气象条件，最长的阴雨天设定为 20d，核查光照条件，20 个阴雨天后一般是 5 个晴天。太阳能年平均日照小时数，取 4.5h。

（2）太阳能电池板功率的确定公式为

$$P_s = \frac{PHN_1}{\xi T_2} = 33.9(\text{W}) \tag{6.4}$$

式中　P——太阳能用电负载，取 $P = 0.86\text{W}$；

　　　　H——负载每天工作小时数，取 $H = 8\text{h}$；

　　　　N_1——最长连续阴雨天数，取 $N_1 = 20\text{d}$，即系统能在没有太阳的情况下持续工作 20d；

　　　　ξ——安全系数，包括充放电效率、电池组件组合损失修正系数、灰尘遮挡系数等的综合系数，取 $\xi = 0.9$；

　　　　T_2——太阳能年平均日照小时数，取 $T_2 = 4.5\text{h}$。

在本系统设计中，考虑到贵州光照条件和时间都不是很充裕的条件，选用能源效率较为高效的单晶硅，经计算选择单晶硅 33.9W 太阳能电池板，为保证一定的裕量，选择 50W 太阳能电池板，将太阳辐射能源直接转换成直流电能，经由控制器存贮于蓄电池内储能备用，供负载使用。

2. 蓄电池的选择

（1）蓄电池容量（B_c）为

$$B_c = \frac{AQN_1D}{C} = 9.6(\text{Ah}) \tag{6.5}$$

式中　A——安全系数，在 1.1～1.5 之间，取 $A = 1.2$；

　　　　Q——负载平均耗电量，等于工作电流乘以日工作小时数，即 $Q = 0.04 \times 8 = 0.32(\text{Ah})$；

　　　　N_1——最长连续阴雨天数，取 $N_1 = 20\text{d}$；

　　　　D——修正系数。一般工作环境在 -10℃ 以下时取 $D = 1.2$；$-10 \sim 0\text{℃}$ 时取 $D = 1.1$；0℃ 以上时取 $D = 1.0$；

　　　　C——蓄电池放电深度，碱性镍镉蓄电池取 $C = 0.85$，全密闭免维护铅酸蓄电池取 $C = 0.8$。

考虑到系统长期使用，维护不便等特点，采用密闭免维护铅酸蓄电池（100Ah，12V）。

（2）实际电池耗电量（B_s，连续 7 个阴雨天）为

$$B_s = AQN_1 = 7.68(\text{Ah}) \tag{6.6}$$

经计算得出实际电池耗电量为 7.68Ah，取 30Ah。

3. 太阳能控制器

太阳能控制器是对蓄电池起到过充电保护、过放电保护的作用，并控制整个系统的工作状态。太阳能控制器参数同上位机。

本 章 小 结

本章在上位机太阳能供电功率核算、下位机太阳能供电功率核算的基础上，对系统进行了成本核算，核算结果表明：总体一套控制器成本有望下降到 600～700 元左右。从成本方面体现了系统具有较强的推广和应用价值。

第7章　系统主要作物灌溉制度研究

7.1　试　验　方　案

通过查阅文献和当地灌溉试验站资料，搜集调查贵州地区田间试验方案及试验资料（2011年10月至2013年10月），基于贵州省中心试验站具有的试验条件，根据项目任务书要求，系统研究中主要研究水稻、玉米、小麦、烤烟和油菜等贵州省主要作物的需（耗）水量，但鉴于试验中心站仅建设在修文，本系统采用局部试验得出的作物需水量基础参数代表整个省，并结合整个省分布的各个气象站点的基本气象资料研究参考作物需水量，利用整个省的参考作物需水量与试验站所得的作物基本参数扩展到整个贵州省作物需水量的研究。

7.1.1　水稻试验方案

1. 试验方案

根据贵州水稻传统种植方式，水稻灌溉试验设计为"科灌""科蓄"与"普灌"3种灌溉处理，每个处理3个重复，共9个小区，每小区面积114m^2，编号分别为ck_1、ck_2、ck_3、处理1-1、处理1-2、处理1-3、处理2-1、处理2-2、处理2-3、处理3-1、处理3-2、处理3-3。其中ck_1采用"科灌"方式，ck_2采用"科蓄"方式，ck_3采用普灌方式。试验作物品种为内香8518号，试验采用同田试验，分块田埂采用塑料薄膜进行防渗隔离，避免田水相互渗透影响灌溉试验成果。

（1）"科灌"。"科灌"即"薄、浅、湿、晒"的灌溉模式，技术要求如下：

1）移栽至返青期。插秧时浅薄水层能使秧苗插得浅、直、不易漂秧，且促进早分蘖，田面水层控制在15～40mm。

2）分蘖前期浅湿管理。3～5天灌20mm左右的浅薄水层，保持田间土壤处于饱和状态。

3）分蘖末期够苗晒田。苗够时落干晒田，晒田标准为：①看苗晒田，对禾苗长势过旺的要重晒；对禾苗长势一般，要中晒或轻晒，晒至田面挺硬，有鸡爪裂，进人不陷足。晒田末时，0～20cm土层内平均土壤湿度下限为饱和含水率的70%；②看天气晒田，晴天气温高，蒸发蒸腾量大，晒天时间宜短，天气阴雨要早晒，时间要长些。

4）拔节孕穗。水稻一生中生理需水高峰期，田面保持20～30mm浅水层。

5）抽穗开花期。田面保持 5～15mm 薄水层。

6）乳熟期跑马水。

7）黄熟期湿润落干。

（2）"科蓄"。"科蓄"即科学的蓄雨型节水灌溉模式，是结合贵州省降雨充沛，时空分布不均的基本特点研发的一种灌溉制度。"科蓄"以"薄、浅、湿、晒"的"科灌"为基础，根据水稻各生育期的需水特性，在水稻生育前期进行浅灌和湿润管理；转折期进行落干晒田；中后期将浅灌、间断性落干科学地结合在一起，同时配合贵州省降雨多而时空分布不均的自然气候条件，在不影响水稻生长发育的前提下，最大限度地利用田面拦蓄部分降雨，提高降雨的有效利用率，以减少人工灌溉次数和水量。

在降雨不能满足灌溉水量时，按"科灌"制度实施；在降雨大于灌溉水量的情况下，按以下方式处理：

1）移栽至返青期，田面建立浅薄水层，在保证不影响水稻正常生长的情况下，水稻经常处于淹水状态，可拦蓄雨水至田面水深 40mm。

2）分蘖前期的雨后，可拦蓄雨水至田面水深 60mm。

3）分蘖末期，够苗晒田。

4）拔节孕穗期利用降雨可蓄雨至田面水深 70mm。

5）抽穗开花期利用降雨可蓄雨至田面水深 50mm。

6）乳熟期可蓄雨至 50mm 水层。

7）黄熟期从湿润到自然落干。

（3）"普灌"。"普灌"即按当地农民习惯采用的常规灌溉方式进行灌溉。

2. 观测项目与方法

（1）气象观测。气象资料采用当地修文气象站的数据，包括每日的降雨、最低温度、最高温度、平均气温、日照时数、风速、气压、相对土壤湿度等。

（2）田间水分管理与观测。观测对象为田间灌溉水量、排水量和田间水层。各小区单独灌溉，根据各种灌溉方式要求进行灌溉，并记录灌排前后水层深度，并计算灌排量，每次灌水、降水及排水前后加测。由专人负责记录灌溉日期、灌前水深、灌后水深、次数及各次灌溉用水量。每天早上定时通过钢尺在固定观测点的观测田间水层变化情况，并记录水层读数。

7.1.2　玉米试验方案

根据玉米的需水关键期和非关键期，试验将各生育期设计 3 个水分控制下限处理，另设全生育各阶段轻旱、重旱各 1 个处理，共 8 个处理。玉米灌溉试验不同生育期土壤湿度控制下限设计见表 7.1。其中供试品种为"毕单 17 号"。

表 7.1　　　　　玉米灌溉试验不同生育期土壤湿度控制下限设计　　　　　％

处理	苗期—拔节孕穗期	拔节孕穗期—抽雄期	抽雄期—灌浆期	灌浆期—成熟期
W1	60	70	75	70
W2	50	70	75	70
W3	70	60	75	70
W4	70	50	75	70
W5	70	70	65	70
W6	70	70	55	70
W7	70	70	75	60
CK	70	70	75	70

注　表中数字为田间持水率的百分比，即土层的平均含水量达到这一灌水控制下限时，则灌水使土壤水分至田间持水率。

7.1.3　小麦试验方案

本试验在小麦播种—返青期设置两种水平的连续水分亏缺，在拔节期—抽穗期和抽穗期—成熟期分别设置不同土壤湿度下限处理。试验分 8 个处理，每个处理有 3 个重复，共 24 个处理，在测筒中进行，小麦灌溉试验不同生育期土壤湿度控制下限设计见表 7.2。

表 7.2　　　　　小麦灌溉试验不同生育期土壤湿度控制下限设计

处理	播种—分蘖期	分蘖期—越冬期	越冬期—返青期	返青期—拔节孕穗期	拔节孕穗期—抽穗开花期	抽穗开花期—成熟期
W1	45	45	45	75	70	65
W2	70	70	70	75	70	65
W3	70	70	70	55	55	65
W4	70	70	75	45	45	65
W5	70	75	75	75	70	60
W6	70	75	75	75	70	55
W7	55	55	55	65	50	50
CK	70	75	75	75	70	65

注　表中数字为田间持水率的百分比，即土层的平均含水量达到这一灌水控制下限时，则灌水使土壤水分至田间持水率。

7.1.4　烤烟试验方案

本试验在旺长期和成熟期设不同程度的水分胁迫处理和对照处理，共 5 个处理组合，其中处理三维对照。每个处理栽烟 6 株，重复 2 次。供试品种为"云烟 85"，试验在测坑中进行。烤烟灌溉试验不同生育期土壤湿度控制下限设计见表 7.3。

表 7.3　　　　　　　烤烟灌溉试验不同生育期土壤湿度控制下限设计　　　　　　　%

处　理	缓苗期	团颗期	旺长期	成熟期
W1	75	70	75	70
W2	75	70	65	70
W3	75	70	80	55
W4	75	70	80	65
CK	75	70	80	70

注　表中数字为田间持水率的百分比，即土层的平均含水量达到这一灌水控制下限时，则灌水使土壤水分至田间持水率。

7.1.5　油菜试验方案

根据油菜生育阶段的适宜土壤湿度下限值，在油菜的苗期和旺长期分别设置 1 个低于土壤湿度下限值处理，在花期和成熟期分别设置 2 个低于土壤湿度下限值处理，全生育期连续水分亏缺和对照处理，每个处理 3 个重复，油菜灌溉试验不同生育期土壤湿度控制下限设计见表 7.4。

表 7.4　　　　　　　油菜灌溉试验不同生育期土壤湿度控制下限设计　　　　　　　%

处　理	苗　期	旺长期	花　期	成熟期
W1	65	75	80	65
W2	65	75	80	65
W3	65	75	60	65
W4	65	75	80	70
W5	65	75	75	50
W6	65	75	75	40
W7	50	65	60	55
CK	65	75	80	70

7.2　作物需（耗）水规律

对贵州地区搜集的主要作物试验资料进行研究，得出各种节水灌溉处理条件下的需水规律。其中，参考作物需水量利用 FAO56 - PM（联合国粮农组织 1992 年改进的彭曼公式）来计算，田间作物需（耗）水量利用水量平衡方程，为了计算简便，所有作物系数均采用单作物系数法计算。根据试验结果得出当地各种灌溉处理相应的作物系数，该作物系数综合考虑了作物自身生长能力、土壤水分条件及灌溉处理方式等因素，为水资源合理配置模型提供合理参数。

FAO56 - PM 模型为

$$ET_0 = \frac{0.408\Delta(R_n - G) + \gamma \dfrac{900}{T+273}U_2(e_s - e_a)}{\Delta + \gamma(1 + 0.34U_2)}$$

（7.1）

式中　ET_0——参考作物蒸发蒸腾量，mm/d；

R_n——太阳净辐射，MJ/(m² · d)；

G——土壤热通量，MJ/(m² · d)；

T——空气平均温度，℃；

U_2——距地面 2m 高处的日平均风速，m/s；

e_s——饱和水汽压，kPa；

e_a——实际水汽压，kPa；

Δ——饱和水汽压与温度曲线的斜率，kPa/℃；

γ——干湿计常数，kPa/℃。

水量平衡方程为

$$ET_t = W_0 - W_t + P_t + I_t - S_t + K_t \qquad (7.2)$$

式中　W_0、W_t——t 时段始末土壤湿润层含水量，mm；

P_t——降雨量，mm；

I_t——灌溉量，mm；

S_t——渗漏量，mm；

K_t——地下水补给量，mm。

由于试验在测坑中采用点浇方式进行，故不考虑降雨、渗漏和地下水补给等因素，即

$$ET_t = W_0 - W_t + I_t$$

根据作物蒸发蒸腾的变化特征及其主要影响因素，综合考虑作物自身和水分对其的影响，将各处理供水条件下的综合作物系数 K_c 表示为

$$K_c = \frac{ET_c}{ET_0} \qquad (7.3)$$

式中　ET_c——作物蒸发蒸腾量，mm/d；

ET_0——参考作物蒸发蒸腾量，mm/d。

7.2.1　水稻耗水规律

1. 生育期参考作物需水量变化

水稻分别于 2012 年 6 月 1 日和 2013 年 6 月 9 日进行移栽，2012 年和 2013 年水稻生育期划分表分别见表 7.5 和表 7.6。

表 7.5　　　　　　　　　　　　**2012 年水稻生育期划分表**

生育期	返青期	分蘖期			拔节孕穗期	抽穗开花期	乳熟期	黄熟期
		分蘖前期	分蘖中期	分蘖后期				
日期	6 月 1—18 日	6 月 19—27 日	6 月 28 日至 7 月 16 日	7 月 17—27 日	7 月 28 日至 8 月 17 日	8 月 18 日—29 日	8 月 30 日至 9 月 13 日	9 月 14 日至 9 月 30 日

表 7.6   **2013 年水稻生育期划分表**

生育期	返青期	分蘖期			拔节孕穗期	抽穗开花期	乳熟期	黄熟期
		分蘖前期	分蘖中期	分蘖后期				
日期	6月9—24日	6月25—30日	7月1—18日	7月19—30日	7月31至8月20日	8月21—29日	8月30至9月14日	9月15至10月2日

从表 7.7 和表 7.8 可以看出，在水稻的整个生育期内，2012 年和 2013 年的日平均参考作物需水量分别为 2.51mm/d 和 3.68mm/d。参考作物需水量在返青期较稳定，2012 年和 2013 年的日平均参考作物需水量 ET_0 分别为 2.08mm/d 和 4.49mm/d，2012 年和 2013 年水稻生育期内日平均参考作物需水量变化如图 7.1 所示。进入分蘖期后，作物需水量变化幅度迅速增大，2012 年和 2013 年的日平均参考作物需水量变化范围为 1.56～4.03mm/d 和 2.02～6.01mm/d，但日平均参考作物需水量均较返青期略微上升，且持续时间贯穿于水稻的分蘖期到乳熟期结束，在 2012 年分蘖前期、分蘖中期、分蘖后期、拔节孕穗期、抽穗开花期和乳熟期的日平均参考作物需水总量分别为分别为 2.23mm/d、2.76mm/d、2.48mm/d、3.13mm/d、2.62mm/d、2.79mm/d 和 1.76mm/d。2013 年分蘖前期、分蘖中期、分蘖后期、拔节孕穗期、抽穗开花期和乳熟期的日平均参考作物需水量分别为 3.22mm/d、4.04mm/d、4.26mm/d、3.97mm/d、3.56mm/d、2.66mm/d 和 3.01mm/d。进入黄熟期，2012 年和 2013 年的日平均参考作物需水量 ET_0 分别急剧下降至 1.26～2.78mm/d 和 1.34～4.23mm/d。

表 7.7   **2012 年水稻生育期参考作物需水量 ET_0**   单位：mm/d

生育期	返青期	分蘖期			拔节孕穗期	抽穗开花期	乳熟期	黄熟期	全生育期
		分蘖前期	分蘖中期	分蘖后期					
ET_0	37.35	20.11	52.53	27.25	65.66	31.45	41.84	29.88	306.07
日平均	2.08	2.23	2.76	2.48	3.13	2.62	2.79	1.76	2.51

表 7.8   **2013 年水稻生育期参考作物需水量 ET_0**   单位：mm/d

生育期	返青期	分蘖期			拔节孕穗期	抽穗开花期	乳熟期	黄熟期	全生育期
		分蘖前期	分蘖中期	分蘖后期					
ET_0	71.87	19.30	72.77	51.10	83.42	32.01	42.58	54.16	42.58
日平均	4.49	3.22	4.04	4.26	3.97	3.56	2.66	3.01	3.68

2. 需（耗）水量

2012 年和 2013 年不同处理稻田的耗水总量与需水总量分别如图 7.2 和图 7.3 所示。2012 年"科灌""科蓄"和"普灌"水稻全生育期的耗水总量分别为 660.7mm、707.1mm 和 792.9mm［图 7.2（a）］，2013 年"科灌""科蓄"和"普灌"水稻全生育期的耗水总量分别为 733.3mm、739.3mm 和 831.4mm［图 7.3（a）］，"科灌""科蓄"水稻的减少幅度分别达 11.80％～17.07％ 和 11.08％～11.23％。2012 年和 2013 年

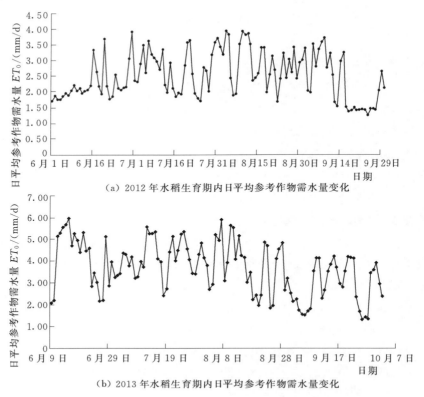

（a）2012 年水稻生育期内日平均参考作物需水量变化

（b）2013 年水稻生育期内日平均参考作物需水量变化

图 7.1　2012 年和 2013 年水稻生育期内日平均参考作物需水量变化

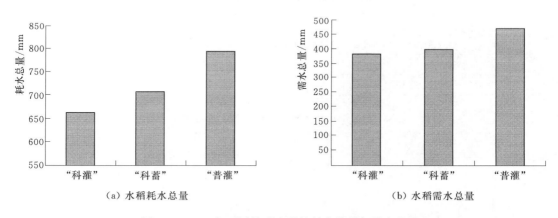

（a）水稻耗水总量

（b）水稻需水总量

图 7.2　2012 年不同处理水稻的耗水总量与需水总量

　　"科灌""科蓄"和"普灌"水稻全生育期的需水总量分别为 360.03mm、373.10mm、450.77mm［图 7.2（b）］和 472.11mm、478.10mm、570.21mm［图 7.3（b）］，"科灌""科蓄"水稻的减少幅度分别达 17.20%～20.13% 和 16.15%～17.23%。从 3 种灌溉处理的耗水总量来看，"科灌""科蓄"水稻需（耗）水总量均较"普灌"减少，其中"科灌"水稻耗水总量减少幅度最大，表明"科灌"模式对于水稻需（耗）水有显著节水效果。

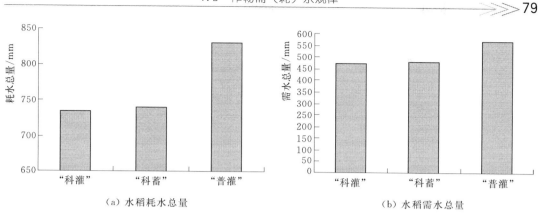

（a）水稻耗水总量　　　　　（b）水稻需水总量

图 7.3　2013 年不同处理水稻的耗水总量与需水总量

2012 年和 2013 年不同处理水稻生育期需水量变化如图 7.4 所示。从图中可以看出"科灌""科蓄"和"普灌"模式下水稻需水量变化趋势基本一致，从返青期至分蘖前期需水量逐渐增加，分蘖期为水稻的需水量峰值期，从分蘖中期开始下降，到乳熟期又出现了小的峰值。"科灌""科蓄"处理在全生育期的需水量均较"普灌"有所减少。"科

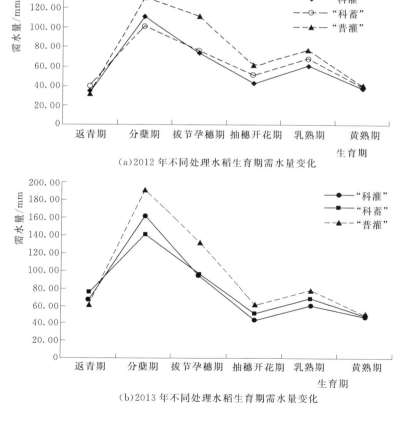

（a）2012 年不同处理水稻生育期需水量变化

（b）2013 年不同处理水稻生育期需水量变化

图 7.4　2012 年和 2013 年不同处理水稻生育期需水量变化

灌"和"科蓄"灌溉的需水量较"普灌"模式具有显著的节水效果。

3. 需水强度

2012 年和 2013 年不同处理水稻生育期需水强度变化如图 7.5 所示。2012 年"科灌"和"科蓄"水稻全生育期平均需水强度分别为 3.20mm/d 和 3.30mm/d，小于"普灌"的 4.06mm/d；2013 年"科灌"和"科蓄"水稻全生育期平均需水强度分别为 4.07mm/d 和 4.12mm/d，科灌和科蓄水稻小于"普灌"的 4.92mm/d。从 3 个处理的生育期耗水强度变化来看，各处理在生育前期的需水强度逐渐增加，到拔节孕穗期至乳熟期，需水强度较高且变化较稳定，进入生育末期（黄熟期）逐渐下降。而拔节孕穗期—乳熟期为水稻需水强度的峰值期。总体上，"科灌"和"科蓄"在整个生育期的需水强度均低于"普灌"处理。

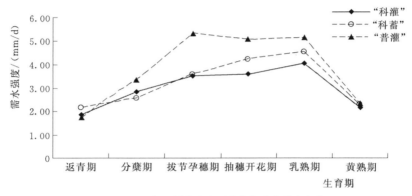

（a）2012 年不同处理水稻生育期需水强度变化

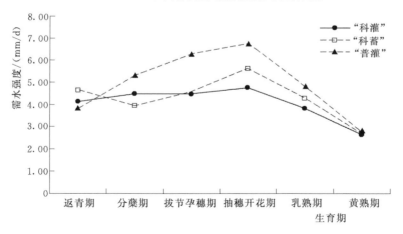

（b）2013 年不同处理水稻生育期需水强度变化

图 7.5　2012 年和 2013 年不同处理水稻生育期需水强度变化

4. 需水模数

2012 年和 2013 年不同处理水稻生育期需水模数变化如图 7.6 所示。从图中可以看出，与水稻作物需水量和需水强度相比，"科灌""科蓄"和"普灌"处理各生育期需水模数（某生育期需水量/总需水量）变化规律较一致，大体上均表现为先上升后下降的趋势。分蘖期为各处理水稻的需水模数高峰期，乳熟期出现一次较小的峰值。

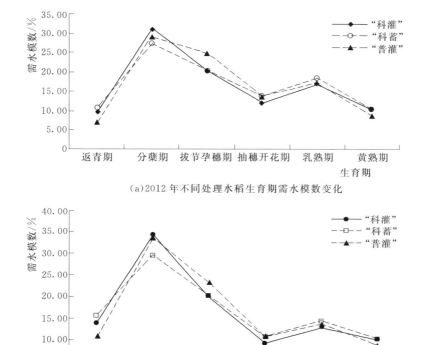

（a）2012 年不同处理水稻生育期需水模数变化

（b）2013 年不同处理水稻生育期需水模数变化

图 7.6　2012 年和 2013 年不同处理水稻生育期需水模数变化

5. 作物系数

2012 年和 2013 年不同处理水稻生育期作物系数变化如图 7.7 所示。2012 年"科灌""科蓄"和"普灌"的水稻全生育期的作物系数分别为 1.18、1.22 和 1.47，2013 年"科灌""科蓄"和"普灌"的水稻全生育期的作物系数分别为 1.20、1.21 和 1.45。在整个生育期内，"普灌"处理水稻的作物系数均大于"科灌"和"科蓄"水模式。水稻在全生育期内呈现为先上升后下降的趋势，其中，在抽穗开花期达到峰值，"科灌""科蓄"和"普灌"处理水稻在 2012 年和 2013 年抽穗开花期的作物系数分别为 1.36、1.61、1.93 和 1.34、1.58、1.89。总体上，"普灌"模式的作物系数高于"科灌"和"科蓄"模式的作物系数。

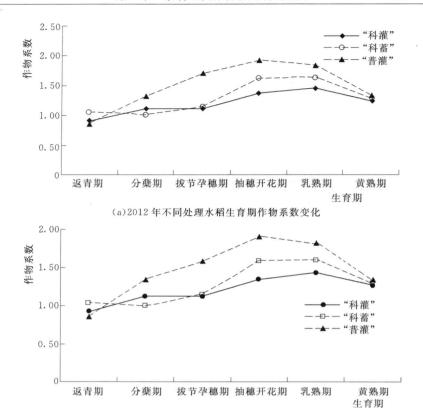

（a）2012年不同处理水稻生育期作物系数变化

（b）2013年不同处理水稻生育期作物系数变化

图7.7　2012年和2013年不同处理水稻生育期作物系数变化

6. 模型参数优选

　　"科灌""科蓄"和"普灌"水稻均为高产处理，可作为水资源优化配置模型中3种典型灌溉处理的作物系数为模型输入所需参数。2012年和2013年不同处理水稻各生育期作物系数分别见表7.9和表7.10。

表 7.9　　　　　　　　　　　　2012 年不同处理水稻各生育期作物系数

处理	返青期	分蘖期	拔节孕穗期	抽穗开花期	乳熟期	黄熟期	全生育期
"科灌"	0.91	1.11	1.12	1.36	1.46	1.25	1.18
"科蓄"	1.06	1.01	1.15	1.61	1.63	1.28	1.22
"普灌"	0.85	1.31	1.69	1.93	1.84	1.33	1.47

表 7.10　　　　　　　　　　　　2013 年不同处理水稻各生育期作物系数

处理	返青期	分蘖期	拔节孕穗期	抽穗开花期	乳熟期	黄熟期	全生育期
"科灌"	0.92	1.13	1.12	1.34	1.43	1.27	1.20
"科蓄"	1.04	0.99	1.14	1.58	1.60	1.29	1.21
"普灌"	0.85	1.33	1.57	1.89	1.81	1.33	1.45

7.2.2 玉米需水规律

1. 生育期参考作物需水量变化

本试验于 2012 年 4 月 12 日和 2013 年 4 月 28 日播种，2012 年 9 月 12 日和 2013 年 9 月 20 日收割。2012 年和 2013 年玉米生育期划分表分别见表 7.11 和表 7.12。

表 7.11　　　　　　　　　　2012 年玉米生育期划分表

生育期	苗期—拔节孕穗期	拔节孕穗期—抽雄期	抽雄期—灌浆期	灌浆期—成熟期
日期	4 月 12 日至 5 月 28 日	5 月 29 日至 7 月 8 日	7 月 9 日至 8 月 6 日	8 月 7 日至 9 月 12 日

表 7.12　　　　　　　　　　2013 年玉米生育期划分表

生育期	苗期—拔节孕穗期	拔节孕穗期—抽雄期	抽雄期—灌浆期	灌浆期—成熟期
日期	4 月 28 日至 5 月 26 日	5 月 27 日至 7 月 10 日	7 月 11 日至 8 月 10 日	8 月 11 日至 9 月 20 日

玉米在整个生育期内，2012 年和 2013 年的日平均参考作物需水量分别为 2.58mm/d 和 3.63mm/d。2012 年和 2013 年玉米生育期内日平均参考作物需水量变化如图 7.8 所示。由表 7.13 和表 7.14 可以看出，参考作物需水量在苗期较稳定，2012 年和 2013 年的日平均 ET_0 仅为 2.43mm/d 和 3.07mm/d，进入拔节孕穗期后，变化幅度迅速增大，变化范围分别为 1.56～4.03mm/d 和 1.83～6.02mm/d，但日平均参考作物需水量均较苗期—拔节孕穗期略微上升，且持续时间贯穿于拔节孕穗期—成熟期结束，在 2012 年苗期—拔节孕穗、拔节孕穗期—抽雄期、抽雄期—灌浆期、灌浆期—成熟期的日平均参考作物需水量分别为 2.43mm/d、2.29mm/d、2.80mm/d 和 2.95mm/d，在 2013 年苗期—拔节孕穗、拔节孕穗期—抽雄期、抽雄期—灌浆期、灌浆期—成熟期的日平均参考作物需水量分别为 3.07mm/d、3.81mm/d、4.32mm/d 和 3.31mm/d。

表 7.13　　　　　2012 年玉米生育期参考作物需水量 ET_0　　　　　单位：mm/d

生育期	苗期—拔节孕穗期	拔节孕穗期—抽雄期	抽雄期—灌浆期	灌浆期—成熟期	全生育期
ET_0	111.92	96.05	78.31	106.36	392.64
日平均 ET_0	2.43	2.29	2.80	2.95	2.58

表 7.14　　　　　2013 年玉米生育期参考作物需水量 ET_0　　　　　单位：mm/d

生育期	苗期—拔节孕穗期	拔节孕穗期—抽雄期	抽雄期—灌浆期	灌浆期—成熟期	全生育期
ET_0	89.02	171.47	133.84	132.32	526.65
日平均 ET_0	3.07	3.81	4.32	3.31	3.63

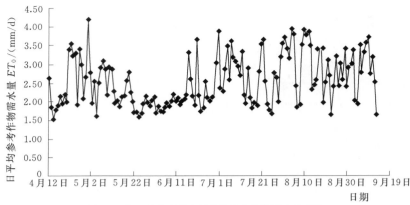

(a)2012 年玉米生育期内日平均参考作物需水量变化

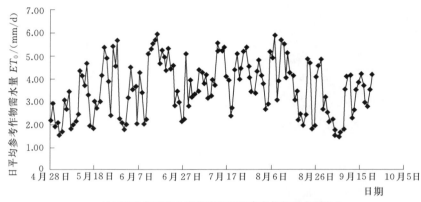

(b)2013 年玉米生育期内日平均参考作物需水量变化

图 7.8 2012 年和 2013 年玉米生育期内日平均参考作物需水量变化

2. 需水量

2012 年和 2013 年不同处理玉米的需水量如图 7.9 所示,具体数据见表 7.15 和表 7.16。由 8 种灌溉处理条件下玉米的需水量可知,2012 年玉米正常产量条件下(W6 和 W7 产量大幅度下降)的需水量为 322.68～379.34mm,2013 年玉米正常产量条件下的需水量为 465.32～538.46mm。

2012 年和 2013 年玉米各生育期需水量见表 7.15 和表 7.16。从表中可以看出,玉米需水量呈现为先上升后下降的趋势,其中,拔节孕穗期—抽雄期为玉米的需水量高峰期。在苗期—拔节孕穗期,玉米植株较小,蒸腾能力较弱,2012 年的需水量仅为 56.18～74.40mm,2013 年的需水量仅为 43.17～57.44mm,在拔节孕穗期—抽雄期,植株生长旺盛,气温较高,需水量分别迅速增加至 87.76～120.44mm 和 157.63～210.49mm 的高峰,抽雄期—灌浆期有所下降,分别为 67.22～99.86mm 和 115.25～169.85mm,灌浆期—成熟期分别下降至 40.16～88.36mm 和 50.19～108.37mm。玉米在拔节孕穗期—抽雄期达需水量高峰,生育期需水量由大到小依次为苗期、拔节孕穗期、抽雄期—灌浆期、灌浆期—成熟期。

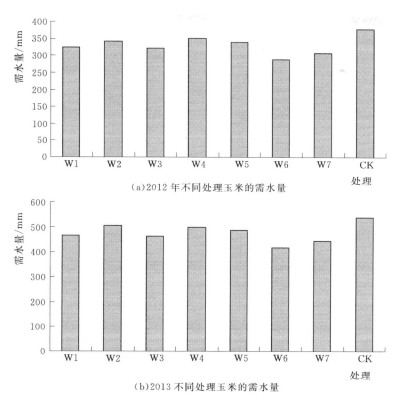

（a）2012 年不同处理玉米的需水量

（b）2013 不同处理玉米的需水量

图 7.9　2012 年和 2013 年不同处理玉米的需水量

表 7.15　　　　　　　　　　2012 年不同处理玉米各生育期需水量　　　　　　　　单位：mm

处理	苗期—拔节孕穗期	拔节孕穗期—抽雄期	抽雄期—灌浆期	灌浆期—成熟期	全生育期
W1	70.72	87.67	99.86	65.60	323.85
W2	56.18	115.04	98.96	71.92	342.10
W3	70.86	117.60	70.42	63.80	322.68
W4	70.80	96.32	99.14	86.14	352.40
W5	71.06	111.20	88.44	69.28	339.98
W6	71.10	107.68	70.32	40.16	289.26
W7	71.28	111.32	67.22	59.64	309.46
CK	74.40	120.44	96.14	88.36	379.34

表 7.16　　　　　　　　　　2013 年不同处理玉米各生育期需水量　　　　　　　　单位：mm

处理	苗期—拔节孕穗期	拔节孕穗期—抽雄期	抽雄期—灌浆期	灌浆期—成熟期	全生育期
W1	56.23	157.63	169.85	81.61	465.32
W2	43.17	205.05	168.93	89.93	507.08

续表

处理	苗期—拔节孕穗期	拔节孕穗期—抽雄期	抽雄期—灌浆期	灌浆期—成熟期	全生育期
W3	55.83	207.63	120.47	80.82	464.75
W4	55.82	170.36	169.15	106.15	501.48
W5	57.03	198.23	148.48	85.27	489.01
W6	57.18	191.66	120.33	50.19	419.36
W7	57.26	197.37	115.25	75.66	445.54
CK	57.44	210.49	162.16	108.37	538.46

3. 需水强度

2012 年和 2013 年玉米生育期需水强度分别见表 7.17 和表 7.18。从表中可以看出，不同处理玉米的需水强度变化也表现为先上升后下降，但是需水强度高峰期为抽雄期—灌浆期。2012 年和 2013 年苗期—拔节孕穗期的需水强度分别为 1.22～1.62mm/d 和

表 7.17　　　　　　　　　　　**2012 年玉米生育期需水强度**　　　　　单位：mm/d

处理	苗期—拔节孕穗期	拔节孕穗期—抽雄期	抽雄期—灌浆期	灌浆期—成熟期	全生育期
W1	1.54	2.09	3.57	1.82	2.13
W2	1.22	2.74	3.53	2.00	2.25
W3	1.54	2.80	2.52	1.77	2.12
W4	1.54	2.29	3.54	2.39	2.32
W5	1.54	2.65	3.16	1.92	2.24
W6	1.55	2.56	2.51	1.12	1.90
W7	1.55	2.65	2.40	1.66	2.04
CK	1.62	2.87	3.43	2.45	2.50

表 7.18　　　　　　　　　　　**2013 年玉米生育期需水强度**　　　　　单位：mm/d

处理	苗期—拔节孕穗期	拔节孕穗期—抽雄期	抽雄期—灌浆期	灌浆期—成熟期	全生育期
W1	1.94	3.50	5.48	2.04	3.21
W2	1.49	4.56	5.45	2.25	3.50
W3	1.93	4.61	3.89	2.02	3.21
W4	1.92	3.79	5.46	2.65	3.46
W5	1.97	4.41	4.79	2.13	3.37
W6	1.97	4.26	3.88	1.25	2.89
W7	1.97	4.39	3.72	1.89	3.07
CK	1.98	4.68	5.23	2.71	3.71

1.49～1.98mm/d，在拔节孕穗期—抽雄期处在气温较高的季节，植株蒸腾速率加快，需水强度不断增大，分别达 2.29～2.87mm/d 和 3.50～4.68mm/d 的高峰。玉米在抽雄期—灌浆期的需水强度达到峰值，分别为 2.40～3.57mm/d 和 3.72～5.48mm/d，灌浆期—成熟期的气温渐降，叶片开始发黄，需水强度分别逐渐下降为 1.12～2.45mm/d 和 1.25～2.71mm/d。玉米在抽雄期—灌浆期生长最为旺盛，需水强度最大，生育期需水强度由大到小依次为抽雄期—灌浆期、拔节孕穗期—抽雄期、灌浆期—成熟期、苗期—拔节孕穗期。

4. 需水模数

2012 年和 2013 年玉米生育期需水模数分别见表 7.19 和表 7.20。从表中可以看出，不同处理玉米在各个生育期的需水模数变化具有与需水量一致的变化（先上升后下降，且拔节孕穗期—抽雄期为最高峰）。玉米在 2012 年和 2013 年苗期—拔节孕穗期的需水模数分别为 16.42%～24.58% 和 8.51%～13.64%，在拔节孕穗期—抽雄期需水模数达最大，分别为 27.07%～36.44% 和 33.87%～45.71%，抽雄期—灌浆期的需水模数分

表 7.19　　　　　　　　　　　　　**2012 年玉米生育期需水模数**　　　　　　　　　　　　%

处理	苗期—拔节孕穗期	拔节孕穗期—抽雄期	抽雄期—灌浆期	灌浆期—成熟期	全生育期
W1	21.84	27.07	30.84	20.26	100.00
W2	16.42	33.63	28.93	21.02	100.00
W3	21.96	36.44	21.82	19.77	100.00
W4	20.09	27.33	28.13	24.44	100.00
W5	20.90	32.71	26.01	20.38	100.00
W6	24.58	37.23	24.31	13.88	100.00
W7	23.03	35.97	21.72	19.27	100.00
CK	19.61	31.75	25.34	23.29	100.00

表 7.20　　　　　　　　　　　　　**2013 年玉米生育期需水模数**　　　　　　　　　　　　%

处理	苗期—拔节孕穗期	拔节孕穗期—抽雄期	抽雄期—灌浆期	灌浆期—成熟期	全生育期
W1	12.08	33.87	36.50	17.54	100.00
W2	8.51	40.44	33.31	17.73	100.00
W3	12.01	44.68	25.93	17.39	100.00
W4	11.13	33.98	33.74	21.17	100.00
W5	11.66	40.54	30.37	17.44	100.00
W6	13.64	45.71	28.70	11.97	100.00
W7	12.85	44.31	25.87	16.98	100.00
CK	10.67	39.10	30.12	20.13	100.00

别为 21.72%～30.84% 和 25.87%～36.50%，灌浆期到成熟期的需水模数分别为 13.88%～24.44% 和 11.97%～21.17%。玉米在拔节孕穗期—抽雄期的需水模数最大，生育期需水模数由大到小依次为拔节孕穗期—抽雄期、抽雄期—灌浆期、灌浆期—成熟期、苗期—拔节孕穗期。

5. 作物系数

2012 年和 2013 年作物各生育期作物系数分别见表 7.21 和表 7.22。从表中可以看出，2012 年 8 种处理全生育期的作物系数分别为 0.82、0.87、0.82、0.90、0.87、0.74、0.79 和 0.97，2013 年 8 种处理全生育期的作物系数分别为 0.88、0.96、0.88、0.95、0.93、0.80、0.85 和 1.02，作物系数变化规律与作物需水量和需水模数一致，作物系数先上升后下降，且拔节孕穗期—抽雄期为玉米作物系数的高峰期。玉米在苗期—拔节孕穗期的作物系数分别为 0.50～0.66 和 0.48～0.65，在拔节孕穗期—抽雄期的作物系数分别为 0.91～1.25 和 0.92～1.23，在抽雄期—灌浆期的作物系数分别为 0.86～1.28 和 0.86～1.26，在灌浆期—成熟期的作物系数分别为 0.38～0.83 和 0.38～0.82。

表 7.21　　　　　　　　　　　2012 年作物各生育期作物系数

处理	苗期—拔节孕穗期	拔节孕穗期—抽雄期	抽雄期—灌浆期	灌浆期—成熟期	全生育期
W1	0.63	0.91	1.28	0.62	0.82
W2	0.50	1.20	1.26	0.68	0.87
W3	0.63	1.22	0.90	0.60	0.82
W4	0.63	1.00	1.27	0.81	0.90
W5	0.63	1.16	1.13	0.65	0.87
W6	0.64	1.12	0.90	0.38	0.74
W7	0.64	1.16	0.86	0.56	0.79
CK	0.66	1.25	1.23	0.83	0.97

表 7.22　　　　　　　　　　　2013 年作物各生育期作物系数

处理	苗期—拔节孕穗期	拔节孕穗期—抽雄期	抽雄期—灌浆期	灌浆孕穗期—成熟期	全生育期
W1	0.63	0.92	1.27	0.62	0.88
W2	0.48	1.20	1.26	0.68	0.96
W3	0.63	1.21	0.90	0.61	0.88
W4	0.63	0.99	1.26	0.80	0.95
W5	0.64	1.16	1.11	0.64	0.93
W6	0.64	1.12	0.90	0.38	0.80
W7	0.64	1.15	0.86	0.57	0.85
CK	0.65	1.23	1.21	0.82	1.02

6. 模型参数优选

水资源优化配置模型中，作物参数选择玉米正常生长、产量得以保证的 3 种典型节水灌溉处理水平 W3、W5、CK 相应的作物系数即可，2012 年和 2013 年玉米典型处理的各生育期作物系数分别见表 7.23 和表 7.24。

表 7.23　　　　　　　　　　　2012 年玉米典型处理的各生育期作物系数

处理	苗期—拔节孕穗期	拔节孕穗期—抽雄期	抽雄孕穗期—灌浆期	灌浆期—成熟期	全生育期
W3	0.63	1.22	0.90	0.60	0.82
W5	0.63	1.16	1.13	0.65	0.87
CK	0.66	1.25	1.23	0.83	0.97

表 7.24　　　　　　　　　　　2013 年玉米典型处理的各生育期作物系数

处理	苗期—拔节孕穗期	拔节孕穗期—抽雄期	抽雄期—灌浆期	灌浆期—成熟期	全生育期
W3	0.63	1.21	0.90	0.61	0.88
W5	0.64	1.16	1.11	0.64	0.93
CK	0.65	1.23	1.21	0.82	1.02

7.2.3　小麦需水规律

1. 生育期参考作物需水量变化

本试验分别于 2011 年 11 月 3 日和 2012 年 11 月 6 日播种，2012 年 5 月 28 日和 2013 年 5 月 20 日收割。2012 年和 2013 年小麦生育期划分分别见表 7.25 和表 7.26。

表 7.25　　　　　　　　　　　2012 年小麦生育期划分表

生育期	播种—分蘖期	分蘖期—越冬期	越冬期—返青期	返青期—拔节孕穗期	拔节孕穗期—抽雄	抽雄期—成熟期
日期	11 月 3 日至 12 月 12 日	12 月 13 日至 1 月 15 日	1 月 16 日至 2 月 7 日	2 月 8 日至 3 月 15 日	3 月 16 日至 4 月 12 日	4 月 13 日至 5 月 28 日

表 7.26　　　　　　　　　　　2013 年小麦生育期划分表

生育期	播种—分蘖期	分蘖期—越冬期	越冬期—返青期	返青期—拔节孕穗期	拔节孕穗期—抽雄	抽雄期—成熟期
日期	11 月 6 日至 12 月 11 日	12 月 12 日至 1 月 17 日	1 月 18 日至 2 月 6 日	2 月 7 日至 3 月 9 日	3 月 10 日至 4 月 8 日	4 月 9 日至 5 月 20 日

由表 7.27 和表 7.28 可知，小麦在 2012 年和 2013 年整个生育期内日平均参考作物需水量分别为 1.45mm/d 和 1.75mm/d，2012 年和 2013 年小麦生育期内日平均参考作物需水量变化如图 7.10 所示，参考需水量在各生育期变化表现为 S 形的变化规律。从

表 7.27 　　　　　　　　　2012 年小麦生育期参考作物需水量 ET_0 　　　　　　　单位：mm/d

生育期	播种—分蘖期	分蘖期—越冬期	越冬期—返青期	返青期—拔节孕穗期	拔节孕穗期—抽穗期	抽雄期—成熟期	全生育期
ET_0	54.50	25.48	17.45	34.19	59.80	109.28	300.71
日平均 ET_0	1.36	0.73	0.79	0.92	2.21	2.38	1.45

表 7.28 　　　　　　　　　2013 年小麦生育期参考作物需水量 ET_0 　　　　　　　单位：mm/d

生育期	播种—分蘖期	分蘖期—越冬期	越冬期—返青期	返青期—拔节孕穗期	拔节孕穗期—抽穗期	抽穗期—成熟期	全生育期
ET_0	35.94	42.74	34.97	50.21	71.34	114.77	349.97
日平均 ET_0	1.00	1.16	1.75	1.43	2.38	2.73	1.75

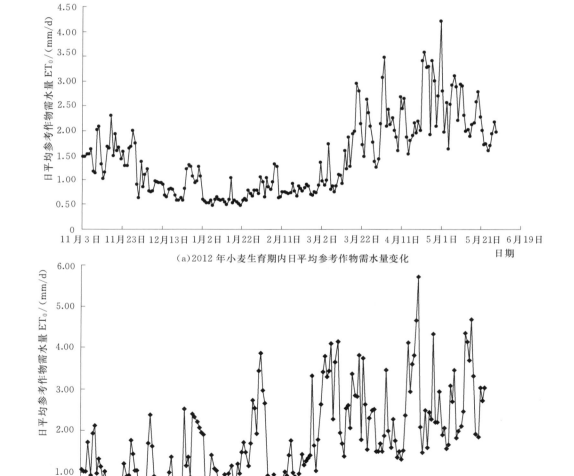

(a)2012 年小麦生育期内日平均参考作物需水量变化

(b)2013 年小麦生育期内日平均参考作物需水量变化

图 7.10 　2012 年和 2013 年小麦生育期内日平均参考作物需水量变化

播种到分蘖前期日平均参考作物需水量逐渐减小，越冬期到拔节孕穗期比较稳定，日平均参考需水量分别为 0.48～1.87mm/d 和 0.48～2.64mm/d，在进入拔节孕穗期后日平均参考作物需水量变化幅度加大，变化幅度迅速增大，变化范围为 1.27～4.19mm/d 和 1.23～5.72mm/d。

2. 需水量

2012 年和 2013 年不同处理小麦的需水量如图 7.11 所示，具体数值见表 7.29 和表 7.30。从 8 种灌溉处理条件下小麦的需水量可知，2012 年和 2013 年小麦高产条件下（W1 和 W7 产量大幅度下降）的需水量为 338.14～416.88mm 和 385.19～416.88mm。

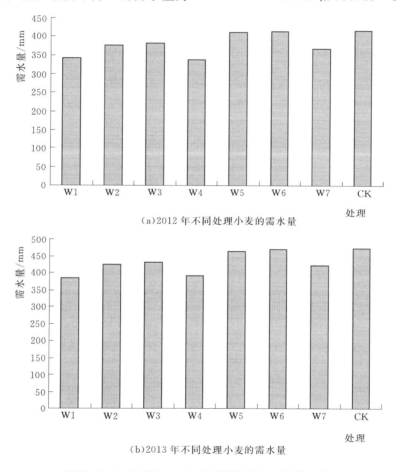

(a)2012 年不同处理小麦的需水量

(b)2013 年不同处理小麦的需水量

图 7.11 2012 年和 2013 年不同处理小麦的需水量

从表 7.29 和表 7.30 中可以看出，小麦各生育期的需水量变化基本上呈现出逐渐上升的趋势，随生育期的推进，上升梯度逐渐加大。小麦生育期需水量总体上随生育期的推进逐渐增加，在抽穗开花期到成熟期需水量达到了全生育期最大值，2012 年和 2013 年分别为 123.5～157.4mm 和 123.55～157.43mm，不同处理在抽穗开花期—成熟期的需水量差异较大。贵州地区小麦在各生育期的需水量由大到小依次为抽穗开花期—成熟期、拔节孕穗期—抽穗开花期、返青期—拔节孕穗期、播种—分蘖期、分蘖期—越冬期、越冬期—返青期。

表 7.29　　　　　2012 年不同处理小麦各生育期需水量　　　　单位：mm

处理	播种—分蘖期	分蘖期—越冬期	越冬期—返青期	返青期—拔节孕穗期	拔节孕穗期—抽穗开花期	抽穗开花期—成熟期	全生育期
W1	38.54	23.74	23.36	44.96	87.66	123.50	341.76
W2	41.80	31.77	25.56	48.68	89.10	139.00	375.91
W3	41.78	28.30	27.42	50.80	90.70	142.50	381.50
W4	39.88	26.84	27.76	48.76	73.00	121.90	338.14
W5	41.96	33.45	28.53	57.43	94.50	154.80	410.67
W6	41.20	32.57	28.77	57.94	95.90	157.40	413.78
W7	41.98	27.44	28.88	49.28	83.40	136.80	367.78
CK	45.70	33.54	28.96	59.18	97.40	152.10	416.88

表 7.30　　　　　2013 年不同处理小麦各生育期需水量　　　　单位：mm

处理	播种—分蘖期	分蘖期—越冬期	越冬期—返青期	返青期—拔节孕穗期	拔节孕穗期—抽穗开花期	抽穗开花期—成熟期	全生育期
W1	25.91	39.75	43.34	64.97	87.67	123.55	385.19
W2	28.83	51.73	45.53	68.67	89.15	139.23	423.14
W3	27.75	48.37	51.47	70.83	90.73	142.54	431.69
W4	26.84	46.83	53.73	68.77	73.34	121.95	391.46
W5	27.95	53.47	54.55	79.46	94.55	154.81	464.79
W6	28.23	52.51	55.77	80.98	95.93	157.43	470.85
W7	27.94	47.43	54.85	69.27	83.44	136.84	419.77
CK	30.71	53.57	55.99	83.19	97.43	152.12	473.01

3. 需水强度

2012 年和 2013 年不同处理小麦各生育期需水强度分别见表 7.31 和表 7.32。从表中可以看出，不同处理小麦的需水强度变化整体呈上升趋势，其中在分蘖期—越冬期需水强度出现小的低谷值，在拔节孕穗期—抽穗开花期出现大峰值。2012 年和 2013 年小麦的需水强度基本随着生育期的推进逐渐上升，在拔节孕穗期—抽穗开花期分别达到了 2.70～3.61mm/d 和 2.78～3.25mm/d 的峰值，说明拔节孕穗期—灌浆期为小麦的生长旺盛期。

表 7.31　　　　　　　　2012 年不同处理小麦各生育期需水强度　　　　　　单位：mm/d

处理	播种—分蘖期	分蘖期—越冬期	越冬期—返青期	返青期—拔节孕穗期	拔节孕穗期—抽穗开花期	抽穗开花期—成熟期	全生育期
W1	0.96	0.68	1.06	1.22	3.25	2.68	1.65
W2	1.05	0.91	1.16	1.32	3.30	3.02	1.82
W3	1.04	0.81	1.25	1.37	3.36	3.10	1.84
W4	1.00	0.77	1.26	1.32	2.70	2.65	1.63
W5	1.05	0.96	1.30	1.55	3.50	3.37	1.98
W6	1.03	0.93	1.31	1.57	3.55	3.42	2.00
W7	1.05	0.78	1.31	1.33	3.09	2.97	1.78
CK	1.14	0.96	1.32	1.60	3.61	3.31	2.01

表 7.32　　　　　　　　2013 年不同处理小麦各生育期需水强度　　　　　　单位：mm/d

处理	播种—分蘖期	分蘖期—越冬期	越冬期—返青期	返青期—拔节孕穗期	拔节孕穗期—抽穗开花期	抽穗开花期—成熟期	全生育期
W1	0.72	1.07	2.17	1.86	2.92	2.94	1.93
W2	0.80	1.40	2.28	1.96	2.97	3.32	2.12
W3	0.77	1.31	2.57	2.02	3.02	3.39	2.16
W4	0.75	1.27	2.69	1.96	2.44	2.90	1.96
W5	0.78	1.45	2.73	2.27	3.15	3.69	2.32
W6	0.78	1.42	2.79	2.31	3.20	3.75	2.35
W7	0.78	1.28	2.74	1.98	2.78	3.26	2.10
CK	0.85	1.45	2.80	2.38	3.25	3.62	2.37

4. 需水模数

2012 年和 2013 年不同处理小麦各生育期需水模数分别见表 7.33 和表 7.34。从表中可以看出，不同处理小麦的需水模数变化与需水量变化趋势一致，即先减小后上升。2012 年和 2013 年小麦的需水强度基本随着生育期的推进逐渐上升，在抽穗开花期—成熟期达到最大，为 36.05%～38.04%。小麦生育期需水模数由大到小依次为抽穗开花期—成熟期、拔节孕穗期—抽穗开花期、返青期—拔节孕穗期、播种—分蘖期、分蘖期—越冬期、越冬期—返青期。

5. 作物系数

2012 年和 2013 年不同处理玉米各生育期作物系数分别见表 7.35 和表 7.36。从表中可以看出，2012 年小麦的 8 种处理全生育期的作物系数分别为 1.14、1.25、1.27、1.12、1.37、1.38、1.22 和 1.39，2013 年小麦的 8 种处理全生育期的作物系数分别为 1.10、1.21、1.23、1.12、1.33、1.35、1.20 和 1.35。小麦在 2012 年和 2013 年播种—分蘖期的作物系数分别为 0.71～0.84 和 0.72～0.85，在分蘖期—越冬期的作物系数

表 7.33　　　　　　　　　　2012 年不同处理小麦各生育期需水模数　　　　　　　　　%

处理	播种—分蘖期	分蘖期—越冬期	越冬期—返青期	返青期—拔节孕穗期	拔节孕穗期—抽穗开花期	抽穗开花期—成熟期	全生育期
W1	11.28	6.95	6.84	13.16	25.65	36.14	100.00
W2	11.12	8.45	6.80	12.95	23.70	36.98	100.00
W3	10.95	7.42	7.19	13.32	23.77	37.35	100.00
W4	11.79	7.94	8.21	14.42	21.59	36.05	100.00
W5	10.22	8.15	6.95	13.98	23.01	37.69	100.00
W6	9.96	7.87	6.95	14.00	23.18	38.04	100.00
W7	11.41	7.46	7.85	13.40	22.68	37.20	100.00
CK	10.96	8.05	6.95	14.20	23.36	36.49	100.00

表 7.34　　　　　　　　　　2013 年不同处理小麦各生育期需水模数　　　　　　　　　%

处理	播种—分蘖期	分蘖期—越冬期	越冬期—返青期	返青期—拔节孕穗期	拔节孕穗期—抽穗开花期	抽穗开花期—成熟期	全生育期
W1	6.73	10.32	11.25	16.87	22.76	32.08	100.00
W2	6.81	12.23	10.76	16.23	21.07	32.90	100.00
W3	6.43	11.20	11.92	16.41	21.02	33.02	100.00
W4	6.86	11.96	13.73	17.57	18.73	31.15	100.00
W5	6.01	11.50	11.74	17.10	20.34	33.31	100.00
W6	6.00	11.15	11.84	17.20	20.37	33.44	100.00
W7	6.66	11.30	13.07	16.50	19.88	32.60	100.00
CK	6.49	11.33	11.84	17.59	20.60	32.16	100.00

表 7.35　　　　　　　　　　2012 年不同处理玉米各生育期作物系数

处理	播种—分蘖期	分蘖期—越冬期	越冬期—返青期	返青期—拔节孕穗期	拔节孕穗期—抽穗开花期	抽穗开花期—成熟期	全生育期
W1	0.71	0.93	1.34	1.32	1.47	1.13	1.14
W2	0.77	1.25	1.46	1.42	1.49	1.27	1.25
W3	0.77	1.11	1.57	1.49	1.52	1.30	1.27
W4	0.73	1.05	1.59	1.43	1.22	1.12	1.12
W5	0.77	1.31	1.63	1.68	1.58	1.42	1.37
W6	0.76	1.28	1.65	1.69	1.60	1.44	1.38
W7	0.77	1.08	1.66	1.44	1.39	1.25	1.22
CK	0.84	1.32	1.66	1.73	1.63	1.39	1.39

表 7.36 2013 年不同处理玉米各生育期作物系数

处理	播种—分蘖期	分蘖期—越冬期	越冬期—返青期	返青期—拔节孕穗期	拔节孕穗期—抽穗开花期	抽穗开花期—成熟期	全生育期
W1	0.72	0.93	1.24	1.29	1.23	1.08	1.10
W2	0.80	1.21	1.30	1.37	1.25	1.21	1.21
W3	0.77	1.13	1.47	1.41	1.27	1.24	1.23
W4	0.75	1.10	1.54	1.37	1.03	1.06	1.12
W5	0.78	1.25	1.56	1.58	1.33	1.35	1.33
W6	0.79	1.23	1.59	1.61	1.34	1.37	1.35
W7	0.78	1.11	1.57	1.38	1.17	1.19	1.20
CK	0.85	1.25	1.60	1.66	1.37	1.33	1.35

分别为 0.93～1.32 和 0.93～1.25，在越冬期—返青期的作物系数逐渐上升，分别为 1.34～1.66 和 1.24～1.60，在返青期—抽穗开花期达到最大值，分别为 1.22～1.73 和 1.03～1.66，在抽穗开花期—成熟期又有所下降，分别为 1.12～1.44 和 1.10～1.35。

6. 模型参数优选

水资源优化配置模型中，作物参数选择小麦正常生长，产量得以保证，2012 年和 2013 年小麦典型处理的各生育期作物系数见表 7.37 和表 7.38。

表 7.37 2012 年小麦典型处理的各生育期作物系数

处理	播种—分蘖期	分蘖期—越冬期	越冬期—返青期	返青期—拔节孕穗期	拔节孕穗期—抽穗开花期	抽穗开花期—成熟期	全生育期
W3	0.77	1.11	1.57	1.49	1.52	1.30	1.27
W5	0.77	1.31	1.63	1.68	1.58	1.42	1.37
CK	0.84	1.32	1.66	1.73	1.63	1.39	1.39

表 7.38 2013 年小麦典型处理的各生育期作物系数

处理	播种—分蘖期	分蘖期—越冬期	越冬期—返青期	返青期—拔节孕穗期	拔节孕穗期—抽穗开花期	抽穗开花期—成熟期	全生育期
W3	0.77	1.13	1.47	1.41	1.27	1.24	1.23
W5	0.78	1.25	1.56	1.58	1.33	1.35	1.33
CK	0.85	1.25	1.60	1.66	1.37	1.33	1.35

7.2.4 烤烟需水规律

1. 生育期参考作物需水量变化

烤烟各生育期时间划分见表 7.39。

表 7.39 烤烟各生育期时间划分表

年份	缓苗期	团颗期	旺长期	成熟期
2012	5月4—10日	5月11—31日	6月1日至8月14日	8月15日至10月10日
2013	5月2—13日	5月14日至6月7日	6月8日至8月17日	8月18日至10月11日

2012年和2013年烤烟生育期内日平均参考作物需水量如图7.12所示，烤烟生育期参考作物需水量 ET_0 见表7.40。烤烟在整个生育期内，2012年和2013年日平均参考作物需水量分别为3.44mm/d和3.36mm/d。参考作物需水量在缓苗期和团颗期的波

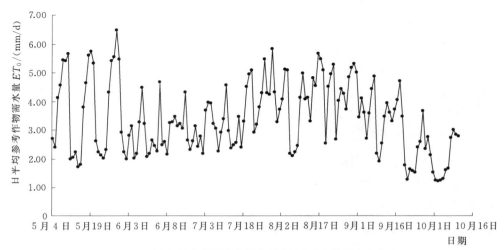

（a）2012年烤烟生育期内日平均参考作物需水量变化

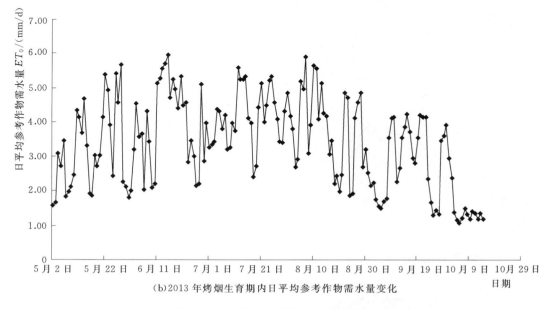

（b）2013年烤烟生育期内日平均参考作物需水量变化

图 7.12 2012 年和 2013 年烤烟生育期内日平均参考作物需水量变化

动较大，变化范围分别为 1.73～6.66mm/d 和 1.52～6.01mm/d，进入旺长期后，变化幅度略微减小，变化范围分别为 1.91～6.02mm/d 和 1.89～5.99mm/d，日平均参考作物需水量在拔节孕穗期呈现出轻微的上升趋势，进入成熟期后，日平均参考作物需水量逐渐下降。

表 7.40　　　　　　　　　　　烤烟生育期参考作物需水量 ET_0　　　　　　　　　　单位：mm/d

年份	生育期	缓苗期	团颗期	旺长期	成熟期	全生育期
2012	ET_0	30.31	76.40	250.15	186.00	542.86
	日平均 ET_0	4.33	3.64	3.34	3.38	3.44
2013	ET_0	33.12	86.48	295.26	147.05	561.91
	日平均 ET_0	2.37	3.46	4.10	2.63	3.36

2. 需水量

2012 年和 2013 年不同处理烤烟的需水量如图 7.13 所示；2012 年和 2013 年不同处理烤烟各生育期需水量分别见表 7.41 和表 7.42。从图和表可以看出，2012 年和 2013 年 W1、W2、W4、W5 和常规处理 CK 的烤烟需水量分别为 507.89mm、368.18mm、276.38mm 、394.20mm、526.52mm 和 454.26mm、360.19mm、414.53mm、512.53mm、

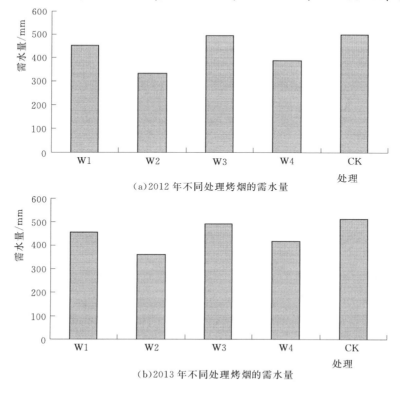

（a）2012 年不同处理烤烟的需水量

（b）2013 年不同处理烤烟的需水量

图 7.13　2012 年和 2013 年不同处理烤烟的需水量

490.57mm。在团颗期和旺长期的轻度水分胁迫较常规处理减少了 58.27mm 和 21.96mm，分别减少了 11.37% 和 4.28%，重度水分胁迫大幅度降低了生育期需水量，分别降低了 152.34mm 和 98.00mm，降低幅度分别达 29.72% 和 19.12%，但烤烟的烟叶品质和产量受到了严重影响。因此，在烤烟团颗期和旺长期进行轻度的水分胁迫具有既节水又不影响烤烟产量和烟叶品质的效果。

由不同处理条件下烤烟生育期需水量变化（表 7.41 和表 7.42）可知，各处理均呈现出先上升后下降的趋势，2012 年和 2013 年缓苗期需水量分别为 52.39～58.30mm 和 56.77～59.28mm，团颗期分别为 64.50～73.70mm 和 72.48～78.67mm，缓苗期与团颗期烤烟需水量相当。到旺长期，各处理的需水量达到峰值，变化范围分别为 145.37～238.34mm 和 169.48～262.35mm，变化波动较大。进入成熟期，需水量又分别逐渐下降至 37.50～129.80mm 和 32.91～112.23mm。旺长期为烤烟的需水高峰期，烤烟生育期需水量波动从小到大依次为旺长期、成熟期、缓苗期、团颗期。

表 7.41　　　　　　　2012 年不同处理烤烟各生育期需水量　　　　　　单位：mm

处理	缓苗期	团颗期	旺长期	成熟期	全生育期
W1	58.20	71.58	182.49	139.78	452.05
W2	52.39	65.34	145.37	67.96	331.06
W3	56.70	64.50	233.34	141.78	496.32
W4	54.89	68.61	227.49	37.50	388.49
CK	58.30	73.70	238.34	129.80	500.14

表 7.42　　　　　　　2013 年不同处理烤烟各生育期需水量　　　　　　单位：mm

处理	缓苗期	团颗期	旺长期	成熟期	全生育期
W1	59.02	77.53	208.25	109.46	454.26
W2	58.41	74.42	169.48	57.88	360.19
W3	58.63	72.48	256.23	103.23	490.57
W4	56.77	73.63	251.22	32.91	414.53
CK	59.28	78.67	262.35	112.23	512.53

3. 需水强度

2012 年和 2013 年不同处理烤烟各生育期需水强度分别见表 7.43 和表 7.44。需水强度反映了作物的蒸发蒸腾和生长代谢的能力，2012 年和 2013 年各处理烤烟全生育期的需水强度分别为 2.04～3.09mm/d 和 2.16～3.07mm/d。由表 7.43 和表 7.44 可知，在缓苗期的烤烟植株较小，但突然表层蒸发能力较强，致使需水强度分别高达为 7.48～8.33mm/d 和 4.06～4.23mm/d，大多表现为土壤的棵间蒸发。随着生育期的推进和植株的生长，烤烟的需水强度在团颗期增加至 3.07～3.51mm/d 和 2.90～3.15mm/d。在旺长期烤烟进入生长旺盛期，在该阶段需水强度达到峰值，为 1.94～3.18mm/d 和

2.26～3.50mm/d。进入成熟期，植株衰老，生理代谢活动逐渐衰减，烟叶陆续采摘，需水强度进而缓慢下降，在0.64～2.40mm/d和0.56～1.90mm/d之间变动。烤烟各生育期需水强度由大到小依次为缓苗期、旺长期、成熟期、团颗期。

表7.43　　　　　　　　　2012年不同处理烤烟各生育期需水强度　　　　　　单位：mm/d

处理	缓苗期	团颗期	旺长期	成熟期	全生育期
W1	8.31	3.41	2.43	2.37	2.79
W2	7.48	3.11	1.94	1.15	2.04
W3	8.10	3.07	3.11	2.40	3.06
W4	7.84	3.27	3.03	0.64	2.40
CK	8.33	3.51	3.18	2.20	3.09

表7.44　　　　　　　　　2013年不同处理烤烟各生育期需水强度　　　　　　单位：mm/d

处理	缓苗期	团颗期	旺长期	成熟期	全生育期
W1	4.22	3.10	2.78	1.86	2.72
W2	4.17	2.98	2.26	0.98	2.16
W3	4.19	2.90	3.42	1.75	2.94
W4	4.06	2.95	3.35	0.56	2.48
CK	4.23	3.15	3.50	1.90	3.07

4. 需水模数

2012年和2013年不同处理烤烟各生育期需水模数分别见表7.45和表7.46所示。需水模数为各生育期需水量所占全生育期需水量的比例，代表各生育阶段对需水量的需求能力。由表7.45和表7.46可知，缓苗期植株较小，持续时间较短暂，但蒸发能力强，2012年和2013年缓苗期的需水模数分别为11.31%～15.82%和11.31%～15.82%，团颗期的需水模数分别为13.00%～19.74%和14.77%～20.66%，旺长期的需水模数达最大，分别为40.37%～58.56%和45.84%～60.60%，成熟期需水模数分别在9.65%～30.92%和7.94%～24.10%的范围内变动。烤烟各生育期需水模数从大到小依次为旺长期、成熟期、团颗期、缓苗期，其中旺长期的需水模数最大，团颗期和缓苗期的需水模数相当。

表7.45　　　　　　　　　2012年不同处理烤烟各生育期需水模数　　　　　　　　%

处理	缓苗期	团颗期	旺长期	成熟期	全生育期
W1	12.87	15.83	40.37	30.92	100.00
W2	15.82	19.74	43.91	20.53	100.00
W3	11.42	13.00	47.01	28.57	100.00
W4	14.13	17.66	58.56	9.65	100.00
CK	11.31	14.30	46.24	25.18	100.00

表 7.46　　　　　　　　　　　　2013 年不同处理烤烟各生育期需水模数　　　　　　　　　　　　％

处理	缓苗期	团颗期	旺长期	成熟期	全生育期
W1	12.99	17.07	45.84	24.10	100.00
W2	16.22	20.66	47.05	16.07	100.00
W3	11.95	14.77	52.23	21.04	100.00
W4	13.70	17.76	60.60	7.94	100.00
CK	11.57	15.35	51.19	21.90	100.00

5. 作物系数

2012 年和 2013 年不同处理烤烟各生育期作物系数分别见表 7.47 和表 7.48。由表 7.46 和表 7.47 可知，烤烟的作物系数变化规律与作物需水强度的变化较一致。2012 年和 2013 年 5 种处理全生育期的作物系数分别为 0.83、0.61、0.91、0.72、0.92 和 0.81、0.64、0.87、0.74、0.91。烤烟各生育期的作物系数在缓苗期最大，分别达 1.73～1.92 和 1.71～2.85，之后均较稳定，分别为 0.20～0.96 和 0.22～0.91。

表 7.47　　　　　　　　　　　2012 年不同处理烤烟各生育期作物系数

处理	缓苗期	团颗期	旺长期	成熟期	全生育期
W1	1.92	0.94	0.73	0.75	0.83
W2	1.73	0.86	0.58	0.37	0.61
W3	1.87	0.84	0.93	0.76	0.91
W4	1.81	0.90	0.91	0.20	0.72
CK	1.92	0.96	0.95	0.70	0.92

表 7.48　　　　　　　　　　　2013 年不同处理烤烟各生育期作物系数

处理	缓苗期	团颗期	旺长期	成熟期	全生育期
W1	1.85	0.90	0.71	0.74	0.81
W2	1.76	0.86	0.57	0.39	0.64
W3	1.77	0.84	0.87	0.70	0.87
W4	1.71	0.85	0.85	0.22	0.74
CK	1.78	0.91	0.89	0.76	0.91

6. 模型参数优选

2012 年和 2013 年烤烟典型处理的各生育期作物系数分别见表 7.49 和表 7.50。水资源优化配置模型中，作物参数选择烤烟正常生长，产量得以保证的 3 种典型节水灌溉处理 W1、W4 与对照处理 CK 相应的作物系数即可。

表 7.49　　　　　　　　　　2012 年烤烟典型处理的各生育期作物系数

处理	缓苗期	团颗期	旺长期	成熟期	全生育期
W1	1.92	0.94	0.73	0.75	0.83
W4	1.81	0.90	0.91	0.20	0.72
CK	1.92	0.96	0.95	0.70	0.92

表 7.50　　　　　　　　　　2013 年烤烟典型处理的各生育期作物系数

处理	缓苗期	团颗期	旺长期	成熟期	全生育期
W1	1.85	0.90	0.71	0.74	0.81
W4	1.71	0.85	0.85	0.22	0.74
CK	1.78	0.91	0.89	0.76	0.91

7.2.5　油菜需水规律

1. 生育期参考作物需水量变化

2012 年和 2013 年油菜各生育期时间划分见表 7.51 和表 7.52。

表 7.51　　　　　　　　　　2012 年油菜各生育期时间划分

生育期	苗期	蕾期	花期	成熟期
日期	10 月 10 日至 1 月 18 日	1 月 19 日至 2 月 23 日	2 月 24 日至 4 月 3 日	4 月 4 日至 5 月 20 日

表 7.52　　　　　　　　　　2013 年油菜各生育期时间划分

生育期	苗期	蕾期	花期	成熟期
日期	9 月 28 日至 1 月 15 日	1 月 16 日 2 月 20 日	2 月 21 日 至 4 月 4 日	4 月 5 日至 5 月 18 日

2012 年和 2013 年油菜生育期内日平均参考作物需水量变化如图 7.14 所示，2012 年和 2013 年油菜生育期参考作物需水量 ET_0 分别见表 7.53 和表 7.54。在整个生育期内，参考作物需水量在全生育期呈现先下降后上升的趋势，2012 年和 2013 年的日平均参考作物需水量分别为 1.45mm/d 和 1.79mm/d，苗期分别在 $0.48 \sim 2.85$mm/d 和 $0.39 \sim 3.21$mm/d 较小的范围内波动，日平均 ET_0 分别为 1.21mm/d 和 1.35mm/d，在蕾期的变化幅度较缓慢，变化范围分别为 $0.48 \sim 1.32$mm/d 和 $0.58 \sim 3.99$mm/d，进入花期后，日平均参考作物需水量均较苗期和蕾期增大，变化范围分别为 $0.48 \sim 4.20$mm/d 和 $0.62 \sim 5.56$mm/d。

2. 需水量

2012 年和 2013 年不同处理油菜的需水量如图 7.15 所示。从 8 种灌溉处理条件下油菜的需水量可知，2012 年和 2013 年油菜的需水量分别为 $263.54 \sim 344.11$mm 和 $368.53 \sim 446.97$mm。与常规处理 CK 相比，其他节水处理均有所降低，分别降低了

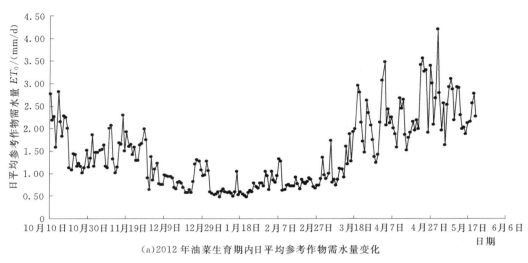

（a）2012 年油菜生育期内日平均参考作物需水量变化

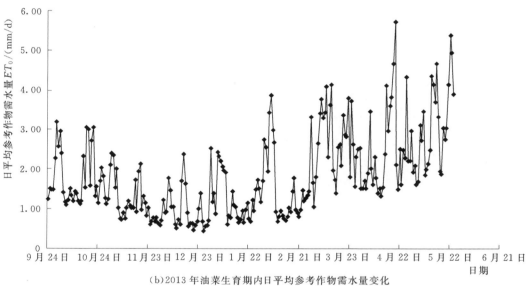

（b）2013 年油菜生育期内日平均参考作物需水量变化

图 7.14   2012 年和 2013 年油菜生育期内日平均参考作物需水量变化

表 7.53   　　　　　　　　　2012 年油菜生育期参考作物需水量 ET_0　　　　　　　　　单位：mm/d

处理	苗期	蕾期	花期	成熟期	全生育期
ET_0	122.02	27.94	61.37	114.48	325.81
日平均 ET_0	1.21	0.78	1.53	2.44	1.45

表 7.54   　　　　　　　　　2013 年油菜生育期参考作物需水量 ET_0　　　　　　　　　单位：mm/d

处理	苗期	蕾期	花期	成熟期	全生育期
ET_0	147.62	49.72	100.52	116.68	414.54
日平均 ET_0	1.35	1.38	2.34	2.65	1.79

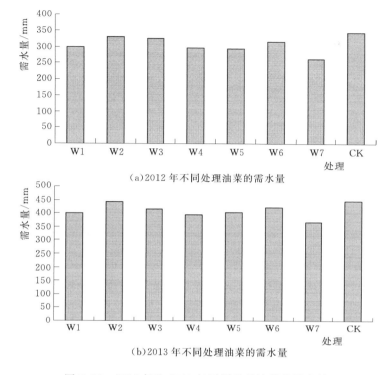

(a)2012年不同处理油菜的需水量

(b)2013年不同处理油菜的需水量

图 7.15 2012年和2013年不同处理油菜的需水量

19.50～49.45mm 和 5.63～78.44mm，减少幅度分别为 5.67％～14.37％ 和 1.26％～17.55％，各节水灌溉处理表现出不同程度的节水效果。

2012年和2013年不同处理油菜各生育期需水量分别见表 7.55 和表 7.56。由表可知，8种处理条件下玉米各生育阶段的需水量相差不大，2012年和2013年的苗期需水量分别在 78.03～122.25mm 和 98.34～142.26mm 之间变动，之后随生育期的推进而逐渐上升。油菜早苗期植株较小，根系吸水能力弱，但此期持续时间长，使总体上油菜的作物需水量在苗期达到最大，但峰值不明显。油菜在各生育期需水量由大到小依次为苗期、成熟期、花期、蕾期。

表 7.55　　　　　　　　　　2012年不同处理油菜各生育期需水量　　　　　　　　单位：mm

处理	苗期	蕾期	花期	成熟期	全生育期
W1	83.66	55.40	75.56	83.56	298.18
W2	119.61	48.36	76.88	86.16	331.01
W3	115.08	55.07	68.40	86.06	324.61
W4	97.97	56.71	62.99	79.78	297.45
W5	101.51	56.14	71.89	65.12	294.66
W6	122.07	56.52	75.90	60.43	314.92
W7	78.03	50.49	66.46	68.56	263.54
CK	122.25	56.26	79.48	86.12	344.11

表 7.56　　　　　　　　2013 年不同处理油菜各生育期需水量　　　　　　单位：mm

处理	苗期	蕾期	花期	成熟期	全生育期
W1	99.68	92.33	123.21	84.13	399.35
W2	139.64	89.68	127.46	84.56	441.34
W3	129.67	94.36	106.34	85.23	415.6
W4	112.53	95.23	105.41	80.35	393.52
W5	126.63	96.31	112.65	67.26	402.85
W6	142.13	96.51	118.75	65.31	422.70
W7	98.34	92.31	108.37	69.51	368.53
CK	142.26	96.68	120.58	87.45	446.97

3. 需水强度

2012 年和 2013 年不同处理油菜各生育期需水强度分别见表 7.57 和表 7.58。由表可知，油菜需水强度表现为逐渐上升的趋势。苗期植株较小，且秋种油菜苗期气温较低，蒸腾蒸发均较弱，需水强度小，2012 年和 2013 年分别为 0.80～1.25mm/d 和 0.90～

表 7.57　　　　　　　2012 年不同处理油菜各生育期需水强度　　　　　　单位：mm/d

处理	苗期	蕾期	花期	成熟期	全生育期
W1	0.85	1.58	1.94	1.82	1.37
W2	1.22	1.38	1.97	1.87	1.52
W3	1.17	1.57	1.75	1.87	1.49
W4	1.00	1.62	1.62	1.73	1.36
W5	1.04	1.60	1.84	1.42	1.35
W6	1.25	1.61	1.95	1.31	1.44
W7	0.80	1.44	1.70	1.49	1.21
CK	1.25	1.61	2.04	1.87	1.58

表 7.58　　　　　　　2013 年不同处理油菜各生育期需水强度　　　　　　单位：mm/d

处理	苗期	蕾期	花期	成熟期	全生育期
W1	0.91	2.56	2.87	1.91	1.72
W2	1.28	2.49	2.96	1.92	1.90
W3	1.19	2.62	2.47	1.94	1.79
W4	1.03	2.65	2.45	1.83	1.70
W5	1.16	2.68	2.62	1.53	1.74
W6	1.30	2.68	2.76	1.48	1.82
W7	0.90	2.56	2.52	1.58	1.59
CK	1.31	2.69	2.80	1.99	1.93

1.31mm/d。油菜的需水强度高峰出现在花期，需水强度分别为 1.62～2.04mm/d 和 2.45～2.96mm/d。油菜在各生育期的需水强度由大到小依次为花期、成熟期、蕾期、苗期。

4. 需水模数

2012 年和 2013 年不同处理油菜各生育期需水模数分别见表 7.59 和表 7.60。由表可知不同处理油菜在各阶段的需水模数具有与需水量一致的变化规律，各生育期之间变动均较小，2012 年和 2013 年的变动范围分别为 14.61%～38.76% 和 15.45%～33.62%。

表 7.59　　　　　　　　　　2012 年不同处理油菜各生育期需水模数　　　　　　　　　%

处理	苗期	蕾期	花期	成熟期	全生育期
W1	28.06	18.58	25.34	28.02	100.00
W2	36.13	14.61	23.23	26.03	100.00
W3	35.45	16.96	21.07	26.51	100.00
W4	32.94	19.07	21.18	26.82	100.00
W5	34.45	19.05	24.40	22.10	100.00
W6	38.76	17.95	24.30	19.19	100.00
W7	29.61	19.16	25.22	26.02	100.00
CK	35.53	16.35	23.10	25.03	100.00

表 7.60　　　　　　　　　　2013 年不同处理油菜各生育期需水模数　　　　　　　　　%

处理	苗期	蕾期	花期	成熟期	全生育期
W1	24.96	23.12	30.85	21.07	100.00
W2	31.64	20.32	28.88	19.16	100.00
W3	31.20	22.70	25.59	20.51	100.00
W4	28.60	24.20	26.79	20.42	100.00
W5	31.43	23.91	27.96	16.70	100.00
W6	33.62	22.83	28.09	15.45	100.00
W7	26.68	25.05	29.41	18.86	100.00
CK	31.83	21.63	26.98	19.57	100.00

5. 作物系数

2012 年和 2013 年不同处理油菜各生育期作物系数分别见表 7.61 和表 7.62。由表可知，2012 年和 2013 年油菜的 8 种处理全生育期的作物系数分别为 0.92、1.02、1.00、0.91、0.97、0.81、1.06 和 0.96、1.06、1.00、0.95、0.97、1.02、0.89、1.08。油菜各生育期的作物系数呈现出先上升后下降的趋势。油菜在蕾期的作物系数达到峰值，分别为 1.73～2.03 和 1.86～1.94，作物系数从大到小依次为蕾期、花期、苗期、成熟期。

表 7.61　　　　　　　　　2012 年不同处理油菜各生育期作物系数

处理	苗期	蕾期	花期	成熟期	全生育期
W1	0.69	1.98	1.23	0.73	0.92
W2	0.98	1.73	1.25	0.75	1.02
W3	0.94	1.97	1.11	0.75	1.00
W4	0.80	2.03	1.03	0.70	0.91
W5	0.83	2.01	1.17	0.57	0.90
W6	1.00	2.02	1.24	0.53	0.97
W7	0.64	1.81	1.08	0.60	0.81
CK	1.00	2.01	1.30	0.75	1.06

表 7.62　　　　　　　　　2013 年不同处理油菜各生育期作物系数

处理	苗期	蕾期	花期	成熟期	全生育期
W1	0.68	1.86	1.23	0.72	0.96
W2	0.95	1.80	1.27	0.72	1.06
W3	0.88	1.90	1.06	0.73	1.00
W4	0.76	1.92	1.05	0.69	0.95
W5	0.86	1.94	1.12	0.58	0.97
W6	0.96	1.94	1.18	0.56	1.02
W7	0.67	1.86	1.08	0.60	0.89
CK	0.96	1.94	1.20	0.75	1.08

6. 模型参数优选

水资源优化配置模型中，作物参数选择油菜正常生长，产量得以保证的 3 种典型灌溉处理 W2、W4 与对照处理 CK 相应的作物系数即可。2012 年和 2013 年油菜典型处理的各生育期作物系数分别见表 7.63 和表 7.64。

表 7.63　　　　　　　　2012 年油菜典型处理的各生育期作物系数

处理	苗期	蕾期	花期	成熟期	全生育期
W2	0.98	1.73	1.25	0.75	1.02
W4	0.80	2.03	1.03	0.70	0.91
CK	1.00	2.01	1.30	0.75	1.06

表 7.64　　　　　　　　2013 年油菜典型处理的各生育期作物系数

处理	苗期	蕾期	花期	成熟期	全生育期
W2	0.95	1.80	1.27	0.72	1.06
W4	0.76	1.92	1.05	0.69	0.95
CK	0.96	1.94	1.20	0.75	1.08

7.3 不同作物适宜的土壤水分控制阈值

根据试验设计的主要作物在不同处理的土壤湿度阈值，并结合主要作物的需水规律，在满足作物需水和土壤供水的范围内，确定了贵州省主要作物适宜的土壤水分调控阈值，得出了各作物的 3 种节水灌溉模式，当土壤水分临近或低于土壤水分下限值时，实施灌水；达到土壤水分上限值要求时停止灌水，以适应不同水文年的作物高效用水要求。

7.3.1 水稻的土壤水分调控指标

试验结果表明，"科灌"是最为节水的水稻灌溉方法，当地水稻土壤水分调控阀值见表 7.65。为了使秧苗在返青期插得浅、直、不易漂秧，且促进早分蘖，田面水层控制在 $15\sim40mm$；分蘖前期应保持田间土壤处于饱和状态；分蘖末期晒田时，$0\sim20cm$ 土层内平均土壤湿度下限为饱和含水率的 70%；拔节孕穗期是水稻一生中生理需水高峰期，田面保持 $20\sim30mm$ 浅水层；在抽穗开花期，田面保持 $5\sim15mm$ 薄水层。

表 7.65 水稻土壤水分调控阈值

生育期	返青期	分蘖期		拔节孕穗期	抽穗开花期
		分蘖前期	分蘖后期		
水层	$15\sim40mm$	$100\%\theta_f$	$70\%\theta_f$	$20\sim30mm$	$5\sim15mm$

注 θ_f 为稻田的田间持水率。

7.3.2 玉米的土壤水分调控指标

玉米土壤水分调控阈值如表 7.66 所示，当玉米在苗期—拔节孕穗期的土壤湿度低于 70% 田间持水率时，作物产量明显下降；玉米苗期土壤湿度低于 60% 田间持水率时，玉米田水分亏缺严重，对玉米生育后期的滞后效应影响较大，作物产量下降尤其显著。所以玉米苗期土壤湿度不应低于 70% 田间持水率。在拔节孕穗期—抽雄期，从节水和高产的角度讲，拔节孕穗期—抽雄期的土壤湿度应低于 60% 田间持水率。抽雄期—灌浆期是生殖器官发育的最主要阶段，当土壤湿度应低于 65% 田间持水率时，产量发生大幅度的减产。在灌浆期—成熟期，保证适宜的土壤水分可以避免叶片衰老，增强叶片光合性能，在灌浆期—成熟期的水分亏缺影响不明显，灌浆期—成熟期的土壤湿度应保持在 70% 田间持水率。

表 7.66 玉米土壤水分调控阈值 %

生育期	苗期—拔节孕穗期	拔节孕穗期—抽雄期	抽雄期—灌浆期	灌浆期—成熟期
田间持水率	70	60	65	70

7.3.3　冬小麦的土壤水分调控指标

冬小麦土壤水分调控阈值见表 7.67。播种—返青期是冬小麦生长的起始期，土壤水分不足会造成分蘖数明显降低，后期生长不良，长势较差，并最终影响穗数和产量。试验研究表明，贵州省冬小麦在播种—返青期的土壤水分不应低于田间持水率的 70%，为保证冬小麦在播种—返青期之间的土壤水分和地下部分的正常生长，土壤水分下限为田间持水率的 70%。拔节孕穗期—抽穗开花期是冬小麦雄蕊分化形成期，麦株由营养生长转为营养生长与生殖生长并进阶段，此时小麦生长速率加快，干物质累计增加，光合作用强度加大，此时土壤水分应当控制在田间持水率的 55%。抽穗开花期—成熟期是小麦植株分化的最后阶段，株体代谢作用最强，蒸腾作用强烈，光合作用达到了最大，对水分亏缺的反应最为敏感，是小麦的需水临界期，当土壤湿度小于 60% 的田间持水率时，麦株受水分胁迫，穗数减小，穗粒数也明显降低，植株受胁迫症状明显。

表 7.67　　　　　　　　　　　　　冬小麦土壤水分调控阈值　　　　　　　　　　　　　%

生育期	播种—分蘖期	分蘖期—越冬期	越冬期—返青期	返青期—拔节孕穗期	拔节孕穗期—抽穗开花期	抽穗开花期—成熟期
田间持水率	70	70	70	55	55	60

7.3.4　油菜的土壤水分调控指标

油菜土壤水分调控阀值见表 7.68。油菜不同的生育期对土壤水分的要求不同，苗期不宜低于 65% 田间持水率，旺长期不宜低于 75% 田间持水率，花期不宜低于 80% 田间持水率，成熟期不宜低于 65% 田间持水率。花期是油菜对水分最为敏感的阶段，当低于 80% 田间持水率时，水分亏缺影响到油菜的分支、发芽的生长及花序，减少了有效分支和花蕾数，最终影响荚果增加。因此，成熟期的土壤湿度不宜低于 65% 田间持水率。

表 7.68　　　　　　　　　　　油菜土壤水分调控阈值　　　　　　　　　　　%

生育期	苗期	旺长期	花期	成熟期
田间持水率	65	75	80	65

7.3.5　烤烟的土壤水分调控指标

烤烟土壤水分调控阈值见表 7.69。缓苗期为烤烟的移栽阶段，该期土壤水分低于 75% 的土壤湿度时，烟田会发生死秧，使烤烟不能成活。团颗期土壤湿度应保持在 70% 以上，否则烤烟不能够正常蹲苗。旺长期为烤烟的生长旺盛期，也是烤烟的需水临界期，土壤湿度下限为 75%，低于土壤湿度下限，烤烟的长势和产量将受到严重影响。成熟期对水分的敏感性较差，但低于 55% 田间持水率时，烤烟的衰老将迅速提前，烤烟的产量将大幅度减产。

表 7.69		烤烟土壤水分调控阈值		%
生育期	缓苗期	团颗期	旺长期	成熟期
土壤湿度	75	70	75	55

本 章 小 结

本章通过对水稻、玉米、小麦、烤烟和油菜等贵州省主要作物进行灌溉试验，得出了作物需（耗）水规律。研究了作物的土壤水分调控指标，得出了不同作物适宜的土壤水分控制阈值，为自动化与信息化系统控制指标提供了依据。

第8章 系统软件及控制方法

8.1 下位机软件设计

8.1.1 单片机嵌入式操作系统

RTX51 Tiny 按某种调度策略使应该运行的任务占用 CPU 来进行任务管理，同时要进行保存各任务在切换时的地址，即压栈，方便下次运行该任务时能够恢复运行。RTX51 Tiny 的用户任务状态有运行（RUNN ING）、就绪（READY）、阻塞（BLOCKED）、休眠（SLEEPING）、超时（TIMEOUT）。RTX51 Tiny 内核用超时（TIMEOUT）、间隔（INTERVAL）、信号（SIGNAL）等事件进行任务间的通信与同步。

8.1.2 下位机程序流程图

下位机接通电源后，系统进入启动初始化，开始扫描单片机的各个中断，完成中断请求后，进入顺序扫描各任务，处理完任务后，进入发送、接收数据。当从上位机接收的数据校验正确后，发送、接收应答帧，并执行相关命令。当下位机超过半小时未接收到从上位机发送的命令时，转入下位机自动控制，并将存储的土壤湿度下限值与当前土壤湿度比较，当超过限制时，打开电磁阀，完成灌溉动作。下位机软件流程如图 8.1 所示。

8.1.3 下位机程序设计

1. Keil C51 程序编译工具

Keil C51 与汇编相比，在可读性、结构性、可维护性和功能上有明显的优势，简单易用。它是美国 Keil Software 公司出品的 51 系列兼容单片机 C 语言软件开发系统。Keil C51 提供了一个功能强大的仿真调试器等在

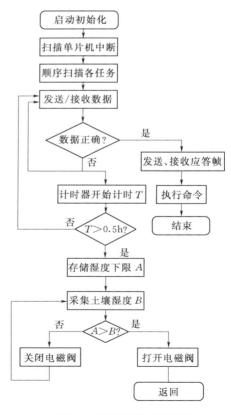

图 8.1 下位机软件流程图

内的完整开发方案，包括宏汇编、C 编译器、库管理、连接器。它们都是通过集成开发环境（uVision4）组合在一起，是 C 语言编程的首选。单片机程序编译界面如图 8.2 所示。

图 8.2　单片机程序编译界面

2. 系统任务设计

系统任务分配如图 8.3 所示。通过移植 RTX51 Tiny 内核后，分别建立 7 个任务：COM_HANDLE_TASK（任务 0）、数据处理（任务 1）、命令执行（任务 2）、获取土壤温湿度值（任务 3）、开关阀（任务 4）、时间定时（任务 5）、看门狗（任务 6）。系统进入循环后，当串口接收到数据后引发中断，在中断函数中通过 isr_send_signal()函数告知主任务。单片机将接收到的数据通过函数 EnQueue()存放在队列中，通过函数 DeQueue()取出队列中的数据进行判断。首先通过校验和位判断收到的数据是否正确，然后执行相应字节的命令。若是开关阀命令，主任务发送给开关阀任务信号，开关阀任务通过函数 os_wait(K_SIG，0，0) 接收到信号后执行开关阀操作。获取传感器任务则由操作系统函数 os_wait(K_TMO，1000，0) 间断执行。

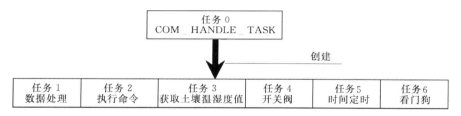

图 8.3　系统任务分配图

3. 通信格式介绍

通过比较目前无线通信领域的通信格式（如 WIFI、ZigBee、红外等），本设计规定了自己的通信格式，通信校验方式采用循环冗余校验（CRC）。通信格式中起始字节为帧开始字节，用于辨别是否为同组通信；帧长度字节为通信帧长度总和；校验位 1 为第一次和校验字节；设备号字节为各下位机的地址字节；命令字字节为相关命令；长度 2 字节为填补多余的长度字节；校验和字节为第二次和校验字节，为正确的通信做保证。

通信帧的处理函数程序如下：

```
void mAinTask()_task_ HANDLE_DATA_TASK //主任务
{
  while(1)
  {
    uchar Elems[mAX_PACKAGE_SIZE]; //定义最大通信帧长度
    uchar elem,PackageLen,i  ;
    uchar sum;
    DeQueue(SERIAL_IN,&elem,0xff); //接收到的第一个字节出列
    if(elem ！= START_CODE )//判断是否是定义好的通信首字节
     {
       continue;//是则继续
     }
    sum = START_CODE;
    DeQueue(SERIAL_IN,&PackageLen,0xff); //第二个字节出列
    sum += PackageLen;
    DeQueue(SERIAL_IN,&elem,0xff); //第三个字节出列
    sum += elem;
    if(sum ！= 0)continue; //check//第一次和校验
    for(i =0; i<PackageLen; i++){
     DeQueue(SERIAL_IN,Elems +i,0xff);//长度字节出列
       sum += Elems[i];
    }
    DeQueue(SERIAL_IN,&elem,0xff);
    sum += elem;
    if((sum ！= 0 )||(Elems[0] ！= mAchineID))continue;//第二次和校验
    Send(START_CODE);   //校验通过一次发回接收到的命令
    Send(3);//package Size is 3
    Send(-(START_CODE+ 3));
    Send(  mAchineID);//mAchine ID
    Send(ECHO);
    Send(Elems[1]);//comm$^2$And
    Send(-(ECHO+mAchineID+ Elems[1] ));
    timesNotReceiveComm$^2$And = 0;//
    currentComm$^2$And = Elems[1]; //将接收到的命令自己保存
```

```
switch(currentComm²And){//判断命令字节
case OPEN_VALVE_WITH_TIME    ://开阀和开阀时间
  {
    xdata uchar * p =(unsigned char xdata *)&OpenValveTime;
    for(i=0;i<sizeof(int);i++)p[i]= Elems[1+sizeof(int)-i];//get open valve time;   大小端变换
    os_send_signal(OPEN_CLOSE_VALVE);
  }
  break;
  case SET_MIN_MOIS://设置最小土壤湿度值
    {
    xdata uchar * p =(unsigned char xdata *)&DesiredMinHumidityMin;
    for(i=0;i<sizeof(float);i++)p[i]= Elems[1+sizeof(float)-i];
    }
  break;
  case SET_mAX_MOIS ://设置最大土壤湿度值
   {
    xdata uchar * p =(unsigned char xdata *)&DesiredMinHumiditymAx;
    for(i=0;i<sizeof(float);i++)p[i]= Elems[1+sizeof(float)-i];
  }
  break;
    default:
      os_send_signal(DO_COmm²AND);
      break;
    }
  }
}
```

8.1.4　嵌入式系统在单片机中的应用

目前应用在 8 位单片机领域上的嵌入式操作系统主要有陈明计开发的 Small RTOS、μC/OSⅡ操作系统以及 Keil 公司自带的 RTX51 等。考虑到本套灌溉系统下位机并不需要执行太多的任务且对实时性要求不高,因此选择 RTX51 Tiny 多任务实时系统内核。RTX51 Tiny 是 Keil 软件中自带的 RTX51 内核中的一个版本,另一个版本为 RTX51 Full,均完全集成在 Kell C51 编译器中。设计中,通过在程序头添加"♯include <rtx51tny. h>"就可以将此多任务实时操作系统移植到程序中。该微型内核系统能有效地结合 8051 系列单片机以实现对各任务按时间片循环进行任务调度,并且支持在各任务之间的信号传递。系统支持最大任务数为 16 个,中断函数能够并行运行于各任务之间。系统支持的等待信号包括超时、中断或另一个任务调用信号。选择 RTX51 Tiny 的最重要的原因是它仅占用 800B 左右的程序存储空间,可以在没有外放数据存储器的 8051 系统中运行,同时应用程序仍然可以访问外部存储器。适合应用于灌溉系统下位机控制器上。

8.1.5 程序设计

设计程序中包含硬件初始化程序、串口通信程序、队列程序、主程序等。初始化程序中包括定时器初始化、串口初始化、I/O 口初始化、ADC 初始化、参考电压初始化等。程序软件选用 Keil C51。另外 Silicon Laboratories 公司提供了 Configuration Wizard 软件以提供对 C8051F 系列单片机的硬件初始化图形配置，缩短了产品开发周期。使用者只需按所需功能配置好相关图形界面，便能生成所需的 C 语言或者汇编语言程序。下位机程序、I/O 口优先配置，晶振选择配置、串口中断和优先级配置分别如图 8.4～图 8.7 所示。

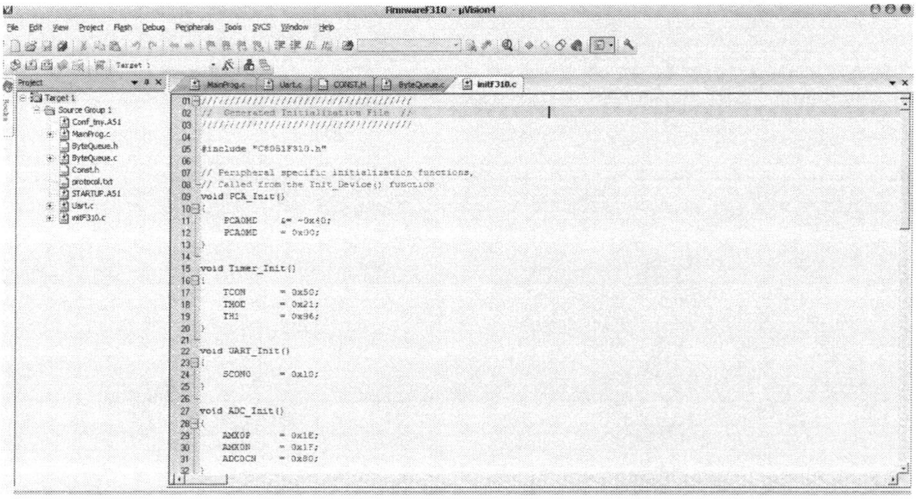

图 8.4　下位机程序

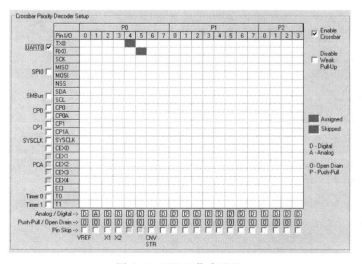

图 8.5　I/O 口优先配置

图 8.6 晶振选择配置

图 8.7 串口中断和优先级配置

主程序中包含主任务 0、接收数据处理任务、执行命令任务、看门狗任务、获取土壤温湿度值、自动灌溉任务。当开机启动后程序在 RTX51 Tiny 多任务实时操作系统的控制下首先完成操作系统的初始化，然后进入主任务 0（COM _ HANDLE _ TASK），在主任务 0 中首先对本设计所需的寄存器配置进行初始化，然后通过 os _ create _ task（）系统函数创建其他任务。接着进入 while 循环等待 os _ wait1（K _ SIG），即串口中断信号。当接收到串口信号后判断信号是接收到数据还是发送数据。若为接收数据，则转为接收数据处理任务；若为发送数据，则执行发送。

在接收数据处理任务中，首先对接收到的数据进行校验处理，采用两次和校验方式进行验证，若为正确的通信格式，则判断命令字节。如果命令字节是开阀时间或设置灌溉上下限值则直接进行保存参数；若为获取温湿度值和开关阀，则进入相关任务进行处理。

在程序中为防止程序跑飞，设置了看门狗程序。为防止长时间接收不到上位机无线信号，设置自动灌溉时间触发任务，在该任务中首先对没接收到信号的时间进行计时，当计时时间超过所设置的时间后判断土壤湿度值是否低于灌溉下限值，若是则打开阀门进行灌溉。

为了缓冲上下位之间主频的差距以及通信时间延时的影响，下位机程序中通过创建发送通道和接收通道队列对接收到的数据进行保存，然后在需要取出和保存数据时通过 DeQueue（）和 EnQueue（）函数进行处理。为了对其他更高级别的中断不产生影响，在 DeQueue（）和 EnQueue（）函数声明中添加 reentrant 参数。Reentrant 参数是对一个可重入的函数的注明，即可以被中断的函数，以达到可以在这个函数执行的任何时候中断它的运行，在任务调度下去执行另外一段代码而不会出现什么错误。下位机软件流程如图 8.8 所示。

获取土壤温湿度任务介绍：C8051F310 单片机内部提供了一个精度为 10 位的逐次逼近（SAR）型模数转换器（ADC），以及一个 25 通道的差分输入多路选择器。该

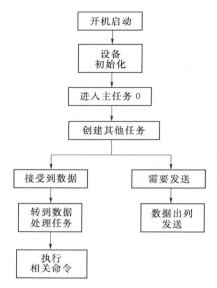

图 8.8 下位机软件流程图

ADC 最大采样速率可达 200ksps，INL 为 ±1LSB。可通过 ADC 系统内部的可编程模拟多路选择器选择 ADC 的输入方式（正输入或负输入）。P1～P3 的各个端口引脚均可配置成 ADC 端口的输入端。此外，处理器内部的片内温度传感器的输出以及电源电压（U_{DD}）也可以选为 ADC 的输入。在需要节省功耗的场所，可以通过寄存器配置 ADC 关断状态。A/D 转换的启动可通过 6 种方式进行选择，分别为定时器 0 溢出、定时器 1 溢出、定时器 2 溢出、定时器 3 溢出、软件命令以及外部转换启动信号。因此，可选择软件事件、外部硬件信号或周期性的定时器溢出信号触发转换。当中断允许时，可在一次转换结束后产生中断，或者采用软件查询对应寄存器的一个状态位来判断转换结束。

窗口比较寄存器可被配置为当 ADC 数据位于一个规定的范围之内或之外时向控制器申请中断。ADC 可以用后台方式监视一个关键电压，当转换数据位于规定的窗口之内或之外时才向控制器申请中断。

获取土壤温湿度任务处理流程如图 8.9 所示，模拟转换内部配置如图 8.10 所示。

其次在获取土壤温湿度任务中 GET _ TEMP _ MOI _ TASK 如下。

```
if(Temm²ois == MEASURE_TEM){        //若为温
度测量命令
    value *= 3300/1024.0;           //温度计算公式
    value =(value- 897)   /3.35;
    while(Temm²oisLock )os_wait(K_TMO,1,0);
    Temm²oisLock =1;
    temperature = value;//计算出温度值结果保存到
对应的返回变量中
    Temm²oisLock =0;
}else{//若为土壤湿度测量,则进入土壤湿度测量公式
    //转换成湿度
    while(Temm²oisLock )os_wait(K_TMO,1,0);
    Temm²oisLock =1;
    humidity = value;
    Temm²oisLock =0;
}
```

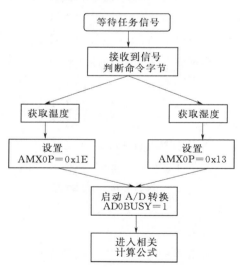

图 8.9 获取土壤温湿度任务处理流程图

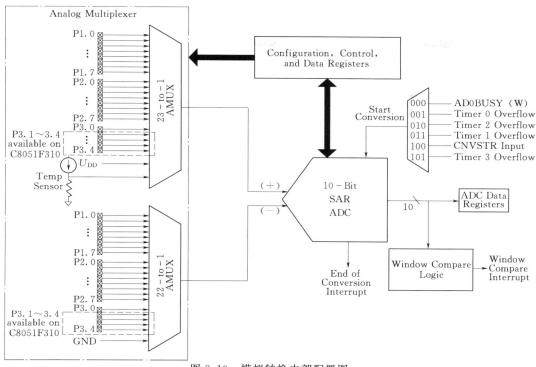

图 8.10　模拟转换内部配置图

8.2　上位机软件的设计

8.2.1　基于多线程的程序设计

Windows CE 是有优先级的多任务操作系统，它允许在相同时间系统中运行 Windows CE 支持最大的 32 位同步进程。Windows CE 支持多个不同的优先级，由 0 到 7，7 代表最低级，它在头文件 Winbasw. h 中定义。

主控制器 5 的应用程序开发是在 VS2008 集成开发环境下进行的，分别建立以下线程：

（1）当前状态的线程 private System. Threading. Thread CurrentStateThread。

（2）自动灌溉线程 private System. Threading. Thread PureThread。

（3）自动灌溉后台运行线程 PureThread. IsBackground＝ true。

（4）定义自动灌溉线程的优先级 PureThread. Priority＝System. Threading. ThreadPriority. Lowest。

（5）定义自动灌溉线程有效性 PureFunValid。

（6）定义自动灌溉线程挂起 System. Threading. Thread. Sleep （100）。

通过线程之间的相互通信、相互协调，并行地工作以完成多项任务，以提高系统的效率。

8.2.2　上位机程序流程图

接通电源后，系统进入上电复位状态。管理者设定：①灌溉对象的名称、最小土壤湿度、最大土壤湿度、最小温度、最大温度；②浇灌区域的编号、浇灌区域的大小、浇灌对象所对应的浇灌方式；③浇灌区域所对应的浇灌时间、浇灌量、是否已经浇灌。

当灌溉方式为自动灌溉时，管理者还可选择定时灌溉或自适应灌溉模式。当选择定时灌溉时，管理者事先设定好将要浇灌的时间，系统自动将设定时间与当前时间比较，当时间相等时，打开阀门，执行灌溉动作；当选择自适应灌溉时，系统会自动循环监测灌溉区域的环境情况，发送获取土壤湿度命令，当灌溉区域为设定土壤湿度下限值时，打开电磁阀，发送开阀命令。上位机软件流程如图 8.11 所示。

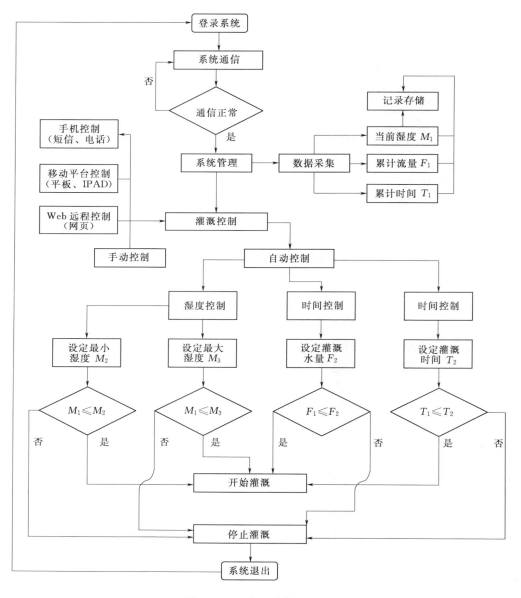

图 8.11 上位机软件流程图

8.2.3　基于C♯的上位机软件开发

1. C♯语言的特点

C♯是面向对象的编程语言之一，被广泛用于开发可以在.NET平台上运行的应用程序。C♯具有以下优点：

（1）语法简洁，不允许直接操作内存，去掉了指针的操作。

（2）C♯具有封装、继承和多态等面向对象语言的一切特性。

（3）C♯支持绝大多数的Web标准。

（4）强大的安全机制等。

2. VS2008智能设备开发环境

SmArtPhone智能设备与个人电脑之间存在着以下差异。

（1）屏幕尺寸小，放置控件少。

（2）显示灰度有限，颜色数较少。

（3）使用一些交互方法，进行输入输出，如硬件按钮、指示笔、语音、鼠标或软键盘实现信息的输入。

（4）CPU处理能力较低。

（5）智能设备在电力持久性上面有很大的限值。

（6）内存较小。

Visual Studio 2008是微软为配合.NET战略推出的IDE集成开发环境，它是目前开发C♯应用程序最成熟的工具，为在基于Windows CE、掌上电脑和智能手机等的智能设备上运行的程序的开发提供了丰富的集成支持。上位机操作界面如图8.12所示。智能设备项目的程序设计过程需要完成以下5个主要任务。

图8.12　上位机操作界面

（1）创建使用Windows窗体的设备项目。

（2）向窗体添加控件。

（3）向控件添加事件处理。

（4）选择运行项目的设备。

（5）生成应用程序并将其部署到模拟设备。

3. 上位机通信部分程序编写

要确保上位机与下位机正常通信，它们之间的通信协议必须一致。程序中主要控件有 SerialPort，SerialPort 类可以实现计算机与大多数硬件设备的串口连接。通过 SerialPort 类中的 ReadByte 属性读取下位机返回的数据。设置通信波特率为 9600，每个字节的标准数据位长度为 8 位，通信端口为 COM1，标准停止位为 1 位。SerialPort 控件属性值如图 8.13 所示。

BaudRate	9600
DataBits	8
DiscardNull	False
DtrEnable	False
Handshake	None
Parity	None
ParityReplace	63
PortName	COM1
ReadBufferSize	4096
ReadTimeout	-1
ReceivedBytesThresholc	1
RtsEnable	False
StopBits	One
WriteBufferSize	2048
WriteTimeout	-1

图 8.13　SerialPort 控件属性值

4. 自动灌溉部分程序

```
while(PureFunValid)
    {byte[] cPotID = new byte[]
    {0,1,2,3,4,5,6,7,8,9,10};
    for(int j = 0; j < 10; j++)
    {if(m_hp_com. hello(cPotID[j]))
    if(m_hp_com. getTemprature(cPotID[j],ref Tem))
    {if(m_hp_com. getMois(cPotID[j],ref mois))
    {FLOWERDataSet. 花盆 DataTable tab = this. 花盆 TableAdapter.
    GetDataBypotID(j);FLOWERDataSet. FLOWERDataTable ft = this. fLOWERTableAdapter. GetDataByflowerName(tab
[0]. 花名);
    if(float. Parse(ft[0]. 最小土壤湿度)> mois)
    {pureFlowerAndRecore(cPotID[j],30);
    this. Tag = "正在进行自动灌溉";
    if(cPotID[j] == 1)
    {pureFlowerAndRecore(4,30);}
    else if(cPotID[j] == 4)
    {pureFlowerAndRecore(1,30);}
    else if(cPotID[j] == 2)
    {pureFlowerAndRecore(3,30);
    }
    }}}
    else if(cPotID[j] == 3)
    {pureFlowerAndRecore(2,30);}}
    else
    {//定时操作
    FLOWERDataSet. 浇灌表 DataTable db = this. 浇灌表 TableAdapter
    . GetDataBypotIDAndpured(cPotID[j],false);//浇灌表所对应的花盆编号
```

```
foreach(FLOWERDataSet. 浇灌表 Row Row in db)
{DateTime jiaoguan = DateTime. Parse(Row. 浇灌时间);
DateTime dt = DateTime. Now;
//TimeSpan ds = jiaoguan - dt;
TimeSpan ds = jiaoguan. Subtract(dt);
if(Row. 是否已经浇灌 == false)//条件判断
{if(ds. Minutes == 0)
{pureFlowerAndRecore(cPotID[j],(ushort)Row. 浇灌量);
this. Tag = "正在进行定时灌溉";
}else if(ds. Minutes < 0)
{ this. Tag="将要进行自动灌溉";}
else { this. Tag = "请重新设定时间"; }
}}}
```

8.2.4 Windows CE 6.0 操作系统的定制和移植

1. Windows CE

Windows CE 内核定制的一般过程为：设置系统平台，建立操作系统镜像，将平台传输到目标设备，调试系统平台。通过 Platform Builder 提供了创建和调试 Windows CE 镜像 NK. BIN 的集成开发环境，使用交互式环境来设计和定制内核、选择系统特性，更加方便快捷地配置、构造和调试系统。操作系统内核定制流程如图 8.14 所示。

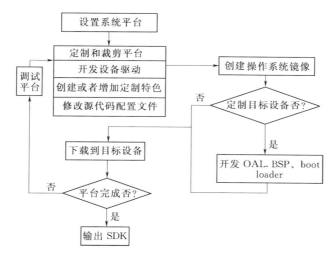

图 8.14　操作系统内核定制流程图

2. 与 PC 机同步（基于 Windows 7）

安装 Windows Mobile 设备中心实现开发板与 PC 机之间同步通信、远程调试等功能。移动设备与 PC 机同步如图 8.15 所示。

图 8.15　移动设备与 PC 机同步图

8.2.5　ADO. NET 与 SQL Sever 数据库

1. ADO. NET

ADO. NET 是微软公司新一代 . NET 数据库的访问架构，是 . NET 的一个关于数据访问的子系统，利用 ADO. NET 提供的支持，用户可以在 ASP. NET 中自由访问和操作数据库，它也是应用程序与数据库之间沟通的桥梁。应用程序、ADO. NET、数据库三者之间的关系如图 8.16 所示。

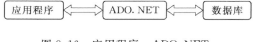

图 8.16　应用程序、ADO. NET、
数据库三者之间的关系

ADO. NET 技 术 主 要 包 括 Connection、Command、DataReader、DataAdapter 和 DataSet 等 5 个对象。

其主要功能如下。

（1）与数据库连接主要是由 Connection 对象来完成的。

（2）Command 对象用于修改数据、返回数据、运行存储过程以及发送或检索参数信息的数据库命令。

（3）DataAdapter 对象主要功能是将数据库中的内容填充到 DataSet 对象，使 DataSet 对象中的数据与数据库中的数据保持一致。

（4）DataSet 对象是 ADO. NET 的核心概念，它是支持 ADO. NET 断开式、分布式数据方案的核心对象，它是一个数据库容器。

（5）DataReader 对象主要功能是以只进流的方式从数据库中读取行。

2. SQL Sever 数据库设计

上位机灌溉系统数据库采用 SQL Server 2005，浇灌计划可以自行设置，计划完成后，自动更新浇灌历史表和浇灌状态表。浇灌对象表为浇灌区域的父表，浇灌对象、浇灌区域编号、浇灌时间分别为各表的主键，数据库框架如图 8.17 所示，数据库关系如图 8.18 所示。数据库的构成包括以下 5 点：

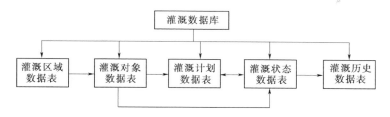

图 8.17　数据库框架图

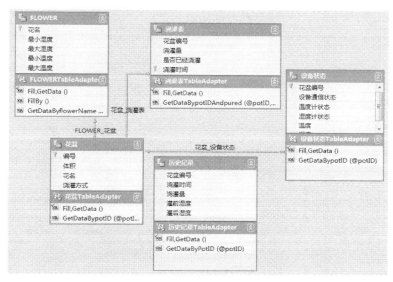

图 8.18　数据库关系图

（1）灌溉对象表设置。灌溉对象表包括灌溉对象、最小土壤湿度、最大土壤湿度、最小温度、最大温度。

（2）灌溉区域表设置。灌溉区域表包括灌溉区域编号、灌溉区域大小、灌溉对象、灌溉方式。

（3）灌溉计划表设置。灌溉计划表包括灌溉区域编号、灌溉时间、灌溉量、是否已经灌溉。

（4）灌溉状态表设置。灌溉状态表包括灌溉区域编号、设备通信状态、温度传感器状态、土壤湿度传感器状态、温度值、土壤湿度值。

（5）灌溉历史表设置。灌溉历史表包括灌溉区域编号、灌溉时间、灌溉量、灌溉前土壤湿度、灌溉后土壤湿度。

8.2.6　嵌入式系统在 ARM 中的应用

Windows Embedded CE 是微软公司为嵌入式设备精心打造的硬实时操作系统，它提供可靠的内核服务来支持低延迟、确定性、实时性的嵌入式系统设计。并且在 Windows Embedded CE 6.0 中添加了一种新的 USB 智能卡读卡器驱动程序，用于支持 USB 芯片和 Windows 智能卡接口设备规范。

Windows CE 具有实时系统的以下特征。

（1）支持多线程抢占的模式，可用来决定和判断上下位切换时间。

（2）优先线程调度：利用基于优先级的时间片算法来调度线程。

（3）优先级反向预防：当一个低优先级线程和一个高优先级线程共享相同的资源时，优先级反向可能发生在低优先级线程与高优先级线程竞争同一资源的时候。

（4）可预测的线程同步：当多个线程竞争资源时，需要管理和同步线程优先级，否则可能发生优先级反向。

Windows Embedded CE 6.0（BSP 可自适应 64MB、128MB、256MB、512MB、1GB Nand Flash）在本次设计中满足以下特性：支持 .NET 3.5、支持全盘目录可读写、可以安装更多第三方软件、支持快速开机启动（10s 以内）、提供了目前国内最完善的 Windows Embedded CE 6.0 BSP（含 Bootloader）。

嵌入式系统编译如图 8.19 所示。

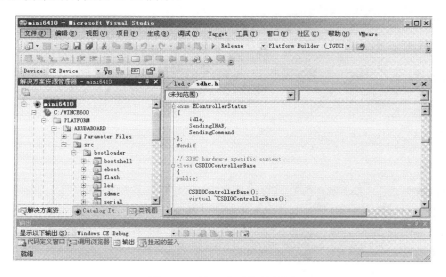

图 8.19　嵌入式系统编译图

8.2.7　SD 卡启动过程分析

S3C2440 主控制器兼容 SDA 协议规范，可以任意挂接 SD 卡或者 mm^2C 卡。提供 50MHz 时钟，并且可以同时获取 8 位数据。启动方式选择电路如图 8.20 所示，S3C2440 支持多种启动方式，可以通过外部管脚 OM［4：0］的拉高拉低来决定是从哪个存储设备上启动。本设计采用的开发板固定选择 OM［4：1］为 1111，因此启动模式为 IROM 模式，之后再选择从哪种设备启动。在三星公司提供的参考文档中，提到

S3C2440 支持 SD 卡启动，可以选择三星公司提供的 IROM _ Fusing _ Tools 工具将
Bootloader 烧录到 SD 卡，然后通过启动的 Bootloader 来烧录新的 Loader、Eboot、Os
等到 Nand Flash，之后就可以从 Nand Flash 启动安装的操作系统。整个过程如下。

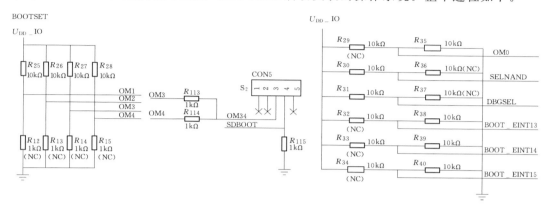

图 8.20　启动方式选择电路

（1）处理器上电后，默认 OM[4:1] 为 1111，因此运行 IROM 中的程序，这个程序
被称为 Bootloader0（BL0），通过该段程序完成一些初始化的工作。

通过判断 GPN［15：13］3 个管脚的设置，选择与配置相对应的设备中的指定区
域 8KB 程序，并读取该小段程序到 SteppingStone 中运行，该开发板默认 GPN［15：
13］为 111，因此选择从 SD 卡通道 1 启动。这里默认这段代码简称为 BL1
（Bootloader1）。在使用 SD 卡启动时，首先保证 SD 卡为 FAT32 文件系统格式，其次
需对 SD 卡内部烧录 Bootloader 启动程序。这里使用友善之臂公司提供的 SD－Flash-
er.exe 软件，它是三星公司提供的 SD 卡烧录软件 IROM _ SD _ Fusing _ Tool.exe 的升

级版，界面如图 8.21 所示，通过
该软件，可以将上位机启动 SD 卡
的驱动程序烧录到 SD 卡中，大小
为 520KB。

（2）启动过程简图如图 8.22
所示，BL 主要完成系统时钟、
UART、SDRAM 等设备的初始化
工作。在初始化结束后，接着拷贝
Bootloader2（BL2）到 SDRAM 中
运行。

（3）主程序跳转到 SDRAM
中，运行加载的 BL2 程序。通过
BL2 程序段就可以完成更强大的功

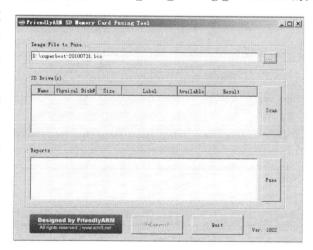

图 8.21　SD 卡烧录软件界面

能，并可以将 OS 加载到 SDRAM 中，然后运行 OS。

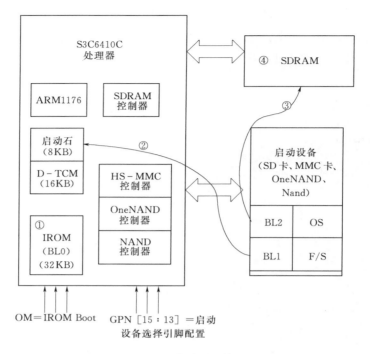

图 8.22　启动过程简图

在 SD 卡安装操作系统的过程中，IROM 是最先被运行的，它会首先做一些初始化，具体 IROM 的流程为：①禁用看门狗；②初始化 TCM；③初始化设备拷贝函数，用于拷贝 BL1 到 SteppingStone 中；④初始化栈区域；⑤初始化 PLL；⑥初始化指令Cache；⑦初始化堆区域；⑧拷贝 BL1 到 SteppingStone 中；⑨验证 BL1；⑩跳转到SteppingStone 中运行。

SuperBoot 程序是直接写入到 SD 卡扇区，因此当 S3C6410 选择 SD 卡启动时，将会直接通过控制器来读 SD 卡扇区。

程序首先通过 MBR 段代码判断系统文件是否为 FAT32 类型，若是则计算 SD 卡的sector 数目，然后通过计算写入该读取的地址。

#define EFUSE_RESEVED_SECTOR(2)

//#define SDHC_SHIFT_SECTOR(1024)// 若为 SDHC 卡,则设置移动字段

#define SDHC_SHIFT_SECTOR(0)

由以上程序可知，当是 SD 卡时，程序写入 SD 卡的地址是 TotaolSector－2－（sizeof（ImAgeFile）/512），而当插入的是 SDHC 卡时，写入的地址是 TotaolSector－1024－（sizeof（ImAgeFile）/512），三星公司提供的 EBOOT 程序默认的卡类型为 SD卡，所以这里最好是使用 2GB 大小以内的 SD 卡进行程序烧录。当使用 SDHC 卡进行烧录时，只需变换程序重新编译一个新版本。

以三星公司 EBOOT 为研究对象来对 SD 卡烧录完成以后，判断 ARM 板执行 SD

卡相应位置的程序是如何执行的，从 IROM _ ApplicationNote 中启动，CPU 会将 SD 卡最后的 18 片段中的 16 片段程序，正好 8KB 加载到 steppingstone 空间中。而三星公司提供的烧录程序为 512KB，远大于 8kB，因此通过分析，可以得出，程序烧录部分实际上分为 NBL2 和 NBL1 两部分，而 NBL1 恰好是最后的 8KB 空间。所以一开始 CPU 自动加载入的部分是 NBL1 段，而 NBL2 是由 NBL1 的代码来加载的，打开 NBL1 的 mAin. c 文件，只有两个函数。

第一个函数的作用是将 SD 卡中的 Loader 从 SD 卡中读出来，并移动到 SDRAM 里面。此函数主体虽然无法找到，但在三星公司提供的 IROM _ ApplicationNote 文件中有对其进行说明，这个函数是用来从 SD 卡搬移数据的内置函数。如果用户自己写入 SD 驱动再搬移，可能会产生较大的数据量，所以 CPU 提供内置的函数，仅仅对控制器进行精简控制。而且 0x0C003FFC 地址的作用也有在文档中说明，该地址内存储的是 SD 卡的扇区数目。

第二个函数是跳转到搬移后 SDRAM 的位置执行 NBL2，即将 NBL2 加载到 SDRAM 中并执行。然后在 NBL2 代码中加载 EBOOT，通过 EBOOT 再加载操作系统。

SD 卡卡座接口如图 8.23 所示，SD 卡接口定义如图 8.24 所示。SD 卡检测过程每一步的执行方式如下：

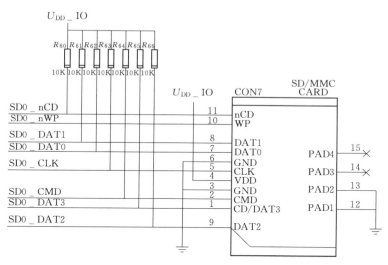

图 8.23 SD 卡卡座接口图

（1）允许 SD 卡中断，即在下列对应的寄存器中写 1：卡插入状态使能正常中断状态寄存器中的 ENSTACARDNS 位、卡插入信号使能在正常中断状态寄存器中的 EN-SIGCARDNS 位、取出卡中使用状态正常中断状态寄存器中的 ENSTACARDREM 位、卡取出信号使能正常中断信号寄存器中 ENSIGCARDREM 位。寄存器示意如图 8.25 所示。

（2）当主机驱动程序检测到 SD 卡插入或退出时，首先会自动清除中断标志位。例如，若卡插入中断（STACARDINS）发生时，则在对应的正常状态寄存器中写入 1 以

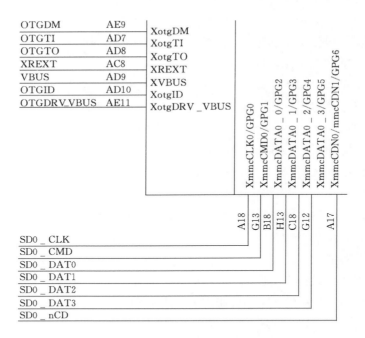

图 8.24　SD 卡接口定义图

Register	Address	R/W	Description	Reset Value
NORINTSTSEN0	0x7C200034	R/W	Normal Interrupt Status Enable Register(Channel 0)	0×0
NORINTSTSEN1	0x7C300034	R/W	Normal Interrupt Status Enable Register(Channel 1)	0×0
NORINTSTSEN2	0x7C400034	R/W	Normal Interrupt Status Enable Register(Channel 2)	0×0

图 8.25　寄存器示意图

清除本次中断。

（3）通过对状态寄存器的实时检测判断是否有
SD 卡插入。当有 SD 卡连接到系统中时，主机驱动器
可以实时提供电源和时钟。而当卡退出时，对应的其
他主机驱动程序的执行过程应立即关闭。

SD 卡检测过程如图 8.26 所示。

8.2.8　基于 C♯ 的上位机系统设计

1. Windows CE 操作系统的配置和编译

Windows Embedded CE 6.0 之后的版本可以采
用 Visual Studio 2005 进行配置和编译。本设计中为
了对 R3 版本进行编译，在配置之前安装好了 Visual
Studio 2005 及其 SP1、ATL Security Update、Win-

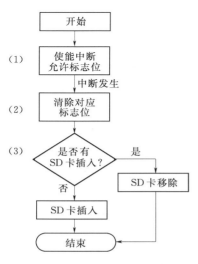

图 8.26　SD 卡检测过程

dows Embedded CE 6.0 及其 SP1、Windows Embedded CE 6.0 R2、Windows Embedded CE 6.0 R3。然后安装好 6410 的 BSP，安装完成后在 Visual Studio 2005 打开它（路径为 "C：\ WINCE600 \ OSDesigns \ Mini6410"）。然后分别点击 "Build－>Advanced Build Comm² Ands－>Clean Sysgen"。最后在路径 "C：\ WINCE600 \ OSDesigns \ Mini6410 \ Mini6410 \ RelDir \ Mini6410 _ ARMV4I _ Release" 生成 NK. bin 和 NK. nb0。其中 NK. nb0 为 Windows Embedded CE 操作系统的 Bootloader，NK. bin 为 Windows Embedded CE 操作系统的内核文件。

2. CE 操作系统的移植

将烧录完 superboot 启动程序的 SD 卡插到上位机 SD 卡接口中，将上位机 S2 开关拨到 "SDBOOT" 位置，上位机在启动后就能进入 Bootloader 模式。按此方法，在安装 Windows Embedded CE 6.0 操作系统时，只需要将相应的镜像文件拷入 SD 卡中，然后插到上位机 SD 卡后，启动电源，就能进入烧录操作系统。

3. 应用程序的开发和移植

编写面向 CE 设备的 C♯ 代码与编写面向 XP、Vista 和其他 Windows 版本的 C♯ 代码非常类似。Visual Studio 2005/2008 IDE 提供了一个高效且有效的环境来开发 CE 设备的 C♯ 程序。在使用计算机开发上位机应用程序时，通过微软提供的 ActiveSync 软件实现上位机和计算机之间的通信连接，连接时安装好 CE 用 USB 驱动，然后通过 Visual Studio 2008 创建 C♯ 智能设备项目，在添加新智能设备项目窗口下，选择 Windows CE 目标平台，并选择 . NET Compact Framework Version 3.5 的应用程序。以下是涉及的上位机程序中主要组成部分。

考虑到上位机存储空间的大小，数据库选用 SQL Server Compact 3.5，SQL Server Compact 3.5 是一种压缩数据库，很适合嵌入到移动应用程序和桌面应用程序中。SQL Server Compact 3.5 为开发本机和托管应用程序的开发人员提供了与其他 SQL Server 版本通用的编程模型。SQL Server Compact 3.5 只需占用很少的空间即可提供关系数据库功能，即强大的数据存储、优化查询处理器以及可靠、可扩展的连接。通常装上 Visual Studio 2008 后都会默认安装该数据库。

可以在 SQL Server Compact 3.5 数据库中执行一些功能，包括创建、删除和编辑表及其关联的数据；创建、维护和删除索引；检查信息架构视图和数据类型；初始化复制和远程数据访问（RDA）同步。System. Data. SqlServerCe 命名空间是用于 SQL Server Compact 3.5 的托管数据提供程序。此命名空间是类的集合，这些类提供对 SQL Server Compact 3.5 数据库的访问。通过使用 System. Data. SqlServerCe，可以从智能设备或计算机创建、管理和同步 SQL Server Compact 3.5 数据库。

开发界面时通过引用 SqlServerCe 类来引用 SQL Server Compact 3.5 数据库。在 Visual Studio 工具栏上通过数据菜单下的添加新数据源来创建该数据库。默认会生成 SqlCeDataAdapter 类。SqlCeDataAdapter 类可作为 DataSet 和数据源之间的桥接器，它用于从数据源检索数据，也用于将数据保存到数据源。使用 Fill 方法将数据从数据源加载到 DataSet 中，并使用 Update 方法将 DataSet 中所做的更改发回数据源。设计中灌溉数据库分别由灌溉对象、灌溉区域、灌溉计划、灌溉状态、灌溉历史等表构成。灌溉数据库构造和各灌溉表关系分别如图 8.27 和图 8.28 所示。

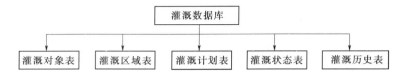

图 8.27　灌溉数据库构造图

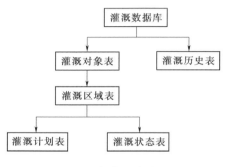

图 8.28　各灌溉表关系图

（1）灌溉对象表设置。灌溉对象表包括灌溉对象、最小土壤湿度、最大土壤湿度、最小温度、最大温度。

（2）灌溉区域表设置。灌溉区域表包括灌溉区域编号、灌溉区域大小、灌溉对象、灌溉方式。

（3）灌溉计划表设置。灌溉计划表包括灌溉区域编号、灌溉时间、灌溉量、是否已经灌溉。

（4）灌溉状态表设置。灌溉状态表包括灌溉区域编号、设备通信状态、温度传感器状态、土壤湿度传感器状态、温度值、土壤湿度值。

（5）灌溉历史表设置。灌溉历史表包括灌溉区域编号、灌溉时间、灌溉量、灌溉前土壤湿度、灌溉后土壤湿度。

该应用程序中设定对象为花卉，建立花卉灌溉表关系图，灌溉对象表依赖关系如图 8.29 所示。灌溉对象表是灌溉区域表的父表，灌溉区域表是灌溉计划表和灌溉状态表的父表。

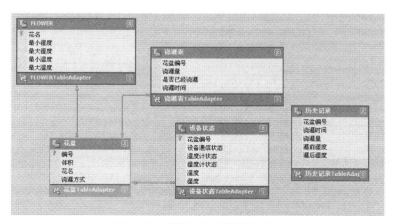

图 8.29　灌溉对象表依赖关系图

在设置数据库时，本设计采用花卉设置为示例，建立好的窗口如图 8.30 所示。

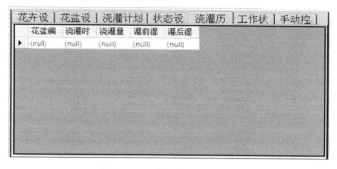

图 8.30　建立好的窗口图

串口函数在 .NET Framework 3.5 中提供了 SerialPort 类，该类主要实现串口数据通信功能，通过调用 SerialPort 控件实现上位机与无线通信模块的连接。SerialPort 类可以实现计算机与大多数硬件设备的串口连接。本程序中用到的 SerialPort 方法和属性见表 8.1 所示。

表 8.1　　　　　　　　　　**SerialPort 方法和属性**

名　称	说　明
ReadByte	从 SerialPort 输入缓冲区中同步读取一个字节
Write	将数据写入串行端口输出缓冲区
BytesToRead	获取接收缓冲区中数据的字节数
Open	打开一个新的串行端口连接
DataReceived	表示将处理 SerialPort 对象的数据接收事件的方法

8.2.9　上位机命令参数的制定

上位机命令参数和下位机中命令应保持一致，因此在上位机声明了各命令参数的类值，程序如下：

```
static class ConstNum
{
    public const byte START_CODE = 0xa5;//开始字节
    public const byte ECHO = 255;
    public const byte MAX_PACKAGE_LEN = 255;
    public const byte COM_TEST = 0;
    public const byte GET_TEMP = 1;//获取温度
    public const byte GET_MOIS = 2;//获取土壤湿度
    public const byte OPEN_VALVE_WITH_TIME = 3;//限时开阀
    public const byte OPEN_VALVE = 4;//开阀
    public const byte CLOSE_VALVE = 5;//关阀
    public const byte SET_MIN_MOIS = 6;//设置最小土壤湿度值
```

public const byte SET_MAX_MOIS = 7;//设置最大土壤湿度值

　}

8.2.10　其他控件及相应程序介绍

（1）Form 窗体控件。属性设置：Size：320，250。

（2）TabControl 控件。该类用于主窗体显示后通过选择不同的选项卡页以切换显示不同的灌溉表，这些选项卡页由通过 TabPage 属性添加的 TabPage 对象表示。在此集合中的选项卡页的顺序反映了选项卡在控件中出现的顺序。可以通过单击控件中的某一选项卡来更改当前的 TabPage。本设计中添加各灌溉表的 tag 分别为 FLO（flower）、POT、PLA（pure plan）、STA（device state）、HIS（device history）。

（3）label 控件。用于显示上位机工作状态。

（4）button 控件。使用了 6 个按钮分别用于通信测试、获取温度、获取土壤湿度、开关阀门、开始工作、停止工作。

（5）timer 控件。用于记录各条灌溉信息对应的保存时间。

8.3　系统主要功能模块设计及实现

系统采用模块化设计方案，本节将根据系统整体分层架构，进行各个子系统的划分、设计和功能归类。系统功能的模块化设计过程采用 OO 设计模型，依据高内聚、低耦合的设计原则，将系统需求确定的各项功能，按层次在不同的子系统中实现。

由于系统规模较大，在研发设计中，采用了从粗到细、逐层深入的设计方式，进行两次设计。即首先根据需求，确定系统各个组成子系统，并确定各个子系统的功能和通信协议。然后对各个子系统进行深入分析和设计，确定各个子系统的组成组件及其功能，并进一步划分模块功能以及模块间的通信方式和调用关系。其中，对数据访问引擎等重要组成部分进行更深一步的细化设计，以保证本项目开发工作能够顺利开展。

本节重点研究系统的整体架构和重点难点模块的设计实现，对于常规模块不做详细描述。

人机交互界面（UI 界面）采用 B/S 架构实现，便于远程客户访问和集中式管理。其他组成的子系统采用 C/S 架构，通过网络连接，各自负责特定的功能。UI 界面采用 Java 实现各种具体的应用需求及其网页界面。在整体上将 Web 界面系统设计成为系统前台，为用户提供具体的业务实现。其余部分成为系统后台，为前台功能提供实际上的业务功能实现。各个子系统采用基于 TCP/IP 协议的网络传输实现各自间数据通信。为便于系统实现，统一设计实现了基于 XML 的指令和数据传输系统，用于在网络通信的基础上封装具体的通信业务信息。

在本项目设计中，采用 Facade 设计模式，facade 模式也称为外观模式，为子系统中的各类（或结构与方法）提供一个简明一致的界面，隐藏子系统的复杂性，使子系统更加容易使用。在本项目中，后端的分析应用需要根据实际数据和应用情况，可能发生大量变化，因此需要对应用层屏蔽子系统组件，减少客户端调用逻辑，使得应用端的开发更加简便，从而专注于用户需求逻辑的实现。本项目中采用中间控制管理平台子系统，屏蔽后台复杂的各个子系统实现细节，使得 UI 组件只需要理解中间控制平台的通信协议即可。同时，该种设计模式也为后续的分布式部署、多服务并发等优化工作提供方便。UI 层无需考虑是否并发，只需要理解调用效率，前后台的优化可以独立进行。

　　按模块化程序设计思想，系统功能模块主要有基本信息管理模块、查询分析模块、统计报表模块、档案管理模块、预警提醒模块和系统管理模块等。

　　本节主要介绍系统的重点模块的设计，包括查询分析模块和统计报表模块。

8.3.1　查询分析模块

　　查询分析模块的功能是对灌溉项目信息完成各种查询，并根据所查询的灌溉状态和灌溉历史结果，对当前灌溉系统的工作情况进行分析，客观地反映系统当前的工作状态，及时修正系统出现的各种偏差，达到自适应智能调节的目的，并生成长序列的统计报表。查询分析模块流程如图 8.31 所示。

　　当管理者需要查询分析时，通过输入灌区名称关键字进行查询相关的工程信息，如查询成功，系统自动生成查询结果，并导出查询结果。若管理者需要分析查询结果，则选择分析查询结果，若查询的灌溉状态信息有不满足要求项，系统则对不满足要求项的信息进行统计，并采取权重计算，系统根据权重计算结果及时进行自适应调节，并导出查询分析表，供管理者对系统运行参数进行优化。数据查询时序如图 8.32 所示。

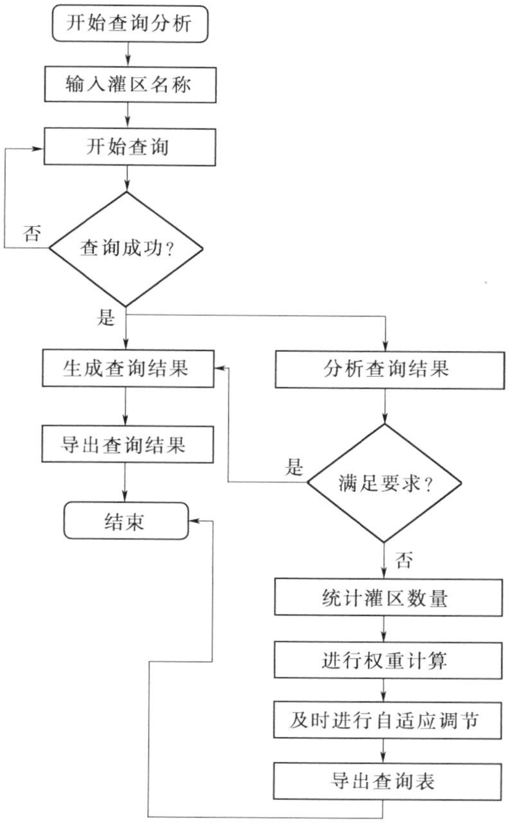

　　数据查询部分代码如下。

图 8.31　查询分析模块流程图

```
namespace New.dataanalysis
{
    public partial class soildroughtevaluate：System.Web.UI.Page
    {
        protected cs.Data mydata ＝ new New.cs.Data();
        protected System.Web.UI.HtmlControls.HtmlTableCell td1；
```

```
protected System. Web. UI. HtmlControls. HtmlTable T1;
cs. MessageBox MessageBox;
protected void Page_Load(object sender,System. EventArgs e)
{
        MessageBox = new New. cs. MessageBox(this);
        if(! Page. IsPostBack)
        {
                ReadSoilevaSttotxt();
                for(double i=－7;i＜＝0;i＋=1)
                {
                        ListItem item=new ListItem();
item. Text＝DateTime. Today. AddDays(i). ToString ( " yyyy －
MM－dd");
```

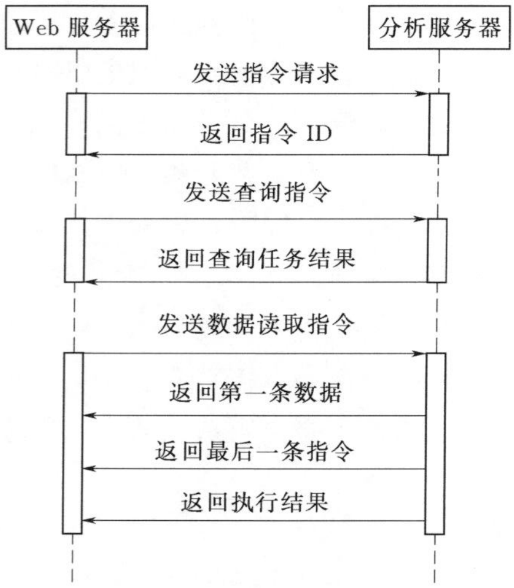

图 8.32　数据查询时序图

```
        private void ReadSoilevaSttotxt()
        {
            cs. Wsn Wsn = new New. cs. Wsn();
            Wsn＝mydata. ReadSoilevaSt(1);
            Ws0txt. Value＝Wsn. Ws0. ToString();
        }
        private void WriteSoilevaStformtxt()
        {
            cs. Wsn Wsn = new New. cs. Wsn();
        }
if(Ws0txt. Value＝＝""||Ws1txt. Value＝＝""||Ws2txt. Value＝＝""||Ws3txt. Value＝＝""||Ws4txt. Value
＝＝""||Ws5txt. Value＝＝"")
        else
        {WriteSoilevaStformtxt();}
}
        protected void Cityddl_SelectedIndexChanged(object sender,System. EventArgs e)
        {
        Acodeddl. Items. Clear();
result＝mydata. GetVpbyCitycode(Cityddl. SelectedValue. ToString());
                while(result. dr. Read())
                {
                        item = new ListItem();
                        item. Value＝result. dr["Acode"]. ToString();
                        Acodeddl. Items. Add(item);
                }
```

```
        result. ConnClose();
    }
}
```

文件系统设计时，在现有操作系统文件系统基础上，对目录进行设计，简化后续访问效率。文件系统设计与业务无关，仅仅与时间分类相关。根据 NTFS 等文件系统的特性，在设计上采用较深的文件目录，避免在单级目录中存储过多文件的方案，并采用定期建目录的方式分割文件。

在设计时，文件系统主要建立在低速阵列上，数据库系统建立在高速阵列上，以适应当前以数据库访问为主的应用。并根据数据的时间进行分配，将指定时间内的数据存储于高速阵列，通过数据管理工具，将过期的数据转移到低速阵列。访问引擎对下封装多个存储系统，实现并发封装，对上实现应用层统一接口访问简化应用开发。因此访问引擎在系统中是承上启下的一个数据访问中间件。从应用需求出发，主要需要实现上层对访问数据的访问需求。

为准确描述应用层各个组件对于访问引擎的功能需求，本项目采用 UML 用例图描述访问引擎的具体功能需要。该用例图还可以用于项目测试中指导测试用例编写。

系统的 actor 为上层应用系统，包括交通执法、视频服务、访问接口等。系统的顶层用例图包含 4 个用例，分别获取模块信息、执行查询任务、获取任务查询状态、获取查询结果。在本系统中，鉴于数据量庞大，访问所需时间较长，因此访问引擎采用异步模式工作。上层调用者可以先向模块获取模块相关的信息，包括能力支持、协议版本支持、数据库信息等，从而获知数据层的支持的各项特性。在数据访问过程中，先向访问引擎发送命令，因为是异步执行，所以，调用者需要以轮询方式不断地查询自己的查询任务完成情况即获取任务完成状态，一旦任务完成或者当前数据已可获取，即可调用获取查询结果功能，返回查询的数据结果。执行查询任务用例实际包含多种任务的执行，包括查询任务、取消指定任务等，后续可以通过扩展任务类型，实现访问引擎的功能扩展。

查询插件共设计 7 个主要功能接口，用于实现该插件的主要功能。具体的调用接口定义如下：

（1）获取组件 ID。

1）函数原型：int GetComID（）。

2）函数返回：返回组件 ID 号。

3）功能描述：获取当前组件的 ID，用于识别对应的存储系统。

（2）启动组件。

1）函数原型：bool Start（）。

2）函数返回：成功返回 true，失败返回 false。

3）功能描述：用于启动组件。

（3）停止。

1）函数原型：void Stop（）。

2）函数返回：无。

3）功能描述：停止组件。

（4）分配任务。

1）函数原型：bool AssignTask（int nTaskID，const char * pszTaskInstr）。

2）函数返回：true（成功）、false（失败）。

3）输入参数：nTaskID（任务 ID）、pszTaskInstr（任务指令）。

4）功能描述：分派查询任务。

（5）获取任务状态。

1）函数原型：int GetTaskState（int nTaskID）。

2）函数返回：任务状态。

3）输入参数：nTaskID（任务 ID）。

4）功能描述：获取任务状态。

（6）设置组件任务数据回传接口。

1）函数原型：void SetResultCallbackFun（ResultCallbackFun * pFun）。

2）函数返回：无。

3）输入参数：pFun（分析结果回调函数指针）。

4）功能描述：设置分析结果回调函数，用于返回分析结果给前台。

（7）取消任务。

1）函数原型：void CancelTask（int nTaskID）。

2）函数返回：无。

3）输入参数：nTaskID（任务 ID）。

4）功能描述：取消任务。

其中获取组件 ID、启动和停止接口主要用于插件本身的管理。

该部分的调用流程一般为：①由调用者调用启动接口，使得插件处于执行状态；②由调用者调用获取组件 ID 接口，从而判断组件相对应的存储设备和能力，为管理模块的后续任务分派提供依据；③执行具体的任务模块，在访问引擎的生命周期内，该插件一般处在运行状态；④当需要时，如系统推出等，可以调用停止接口，使得查询引擎停止运行。

具体查询功能接口主要包括分配任务、获取任务状态、设置数据回传接口、取消任务 4 个接口。

图 8.33 所示为查询插件类图，具体的系统采用该设计方案实现。如前文设计所述，查询插件以独立线程运行以提升执行效率。因此在设计时，采用 Boost 库中的线程封装类，在该类的基础上根据业务要求进一步封装。

Boost 库是目前最为活跃的第三方 C++库，也是 C++标准库的后备库。Boost 为 C++程序员提供了免费、稳定、可移植的程序库，为 C++的快速开发提供帮助。同时，Boost 库可以与 C++标准库协同工作，为其提供扩展功能。因此在本项目中，大量采用 Boost 库，尤其是 C++标准库中缺乏的线程库、网络程序库等。加快了整个项

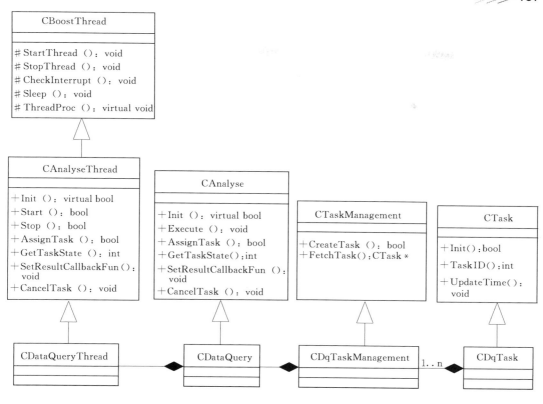

图 8.33　查询插件类图

目的开发进度，也为将来本项目各个组件的跨平台开发做准备。

CBoostThread 为 boost 库中线程基类，具体的业务类为 CanalyseThread 类，用于封装数据处理相关的分析和查询线程类。在查询插件中，根据查询业务的不同再派生出数据查询的线程类——CDataQueryThread 类，实际的查询过程运行在该类中。

CAnalyse 类用于数据分析和查询的基类，本插件中为派生于该类的 CataQuery 类来执行具体的查询功能。CDqTaskManagement 和 CDqTask 为具体任务执行的功能封装类和管理类，用于实现实际查询任务的执行。

在插件的设计过程中，也考虑了部分后续数据分析业务的设计要求，架构设计具有良好的可扩展性。

8.3.2　统计报表模块

统计报表模块的功能是通过查询、生成动态数组信息，把评定信息填入相应的 Word 模板，生成 Word 文档，输出报表。工程统计报表模块流程如图 8.34 所示。

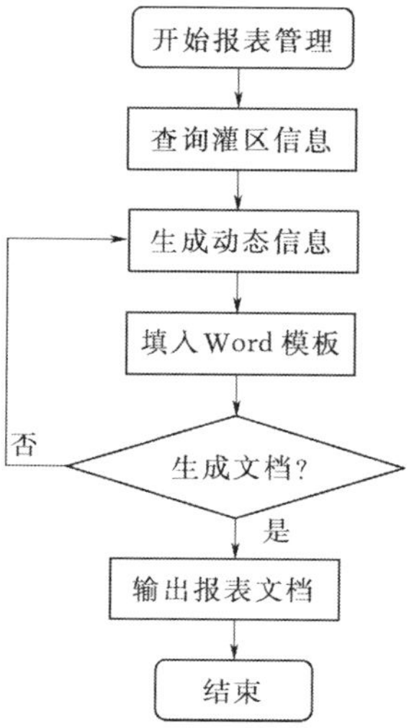

图 8.34　工程统计报表模块流程图

　　管理员选择报表管理模块后，在对应的操作权限下，可通过灌区信息关键字，查询灌区相关信息，并根据管理员查询需要，生成动态工程信息，并自动填入系统备用的 Word 文档中，并可选择生成文档，管理员可选择输出报表文档，此次统计与报表生成工作结束。

　　统计报表模块时序如图 8.35 所示。

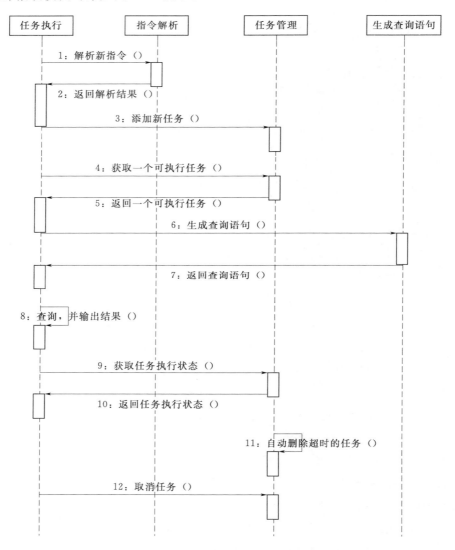

图 8.35　统计报表模块时序图

统计报表的关键代码如下。

```
protected void Eva_Click(object sender,System. EventArgs e)
    {
if(Acodeddl. SelectedValue＝＝"0"||Dateddl. SelectedValue＝＝"0")
```

```
        {
            MessageBox. Show("请选择灌区名称和统计日期!");
        }
        else
        {
            if(K==-1)K=1;
            {
                    int Zdn=mydata. GetZdn(Acode,Date);
    int level3=GetLevelbyDate(Date,Convert. ToInt32((Zdn+3) * K));
    int level10=GetLevelbyDate(Date,Convert. ToInt32((Zdn+10) * K));
                    cs. Zdnevaresult myresult = new New. cs. Zdnevaresult();
                    myresult. Acode=Acode;
                    mydata. WriteZdnEvaresult(ref myresult);
    result. InnerHtml=Acode+"("+Rpname+")"+Date. Trim(). ToString()+" Zdn="+Zdn. ToString()+"
<br>";
        result. InnerHtml=result. InnerHtml+Acode+"("+Rpname+")"+Getotherdaystr(Date,3)+" 灌区信息:"
+level3. ToString()+"<br>";
        result. InnerHtml=result. InnerHtml+Acode+"("+Rpname+")"+Getotherdaystr(Date,10)+" 灌区信
息:"+level10. ToString()+"<br>";}
        private string Getotherdaystr(string Date,double i)
        {
    Convert. ToDateTime(Date). AddDays(i). ToString("yyyy-MM-dd");
        }
        private int GetLevelbyDate(string Date,int Zdn)
        {
            cs. ContainlessEvaSt St=new New. cs. ContainlessEvaSt();
            St=mydata. ReadContainlessEvaSt(GetTypebyDate(Date));
            int level=0;
            if(Zdn<St. T1)level=0;
        }
```

　　系统用 2013 年 1 月 1 日至 2014 年 12 月 26 日在息烽葡萄种植基地针对水晶葡萄分 4 个处理 3 个重复，对应 10cm、20cm、30cm、40cm 进行土壤湿度自动观测记录，并通过统计报表生成如图 8.36 所示为土壤湿度-时间序列值。

8.3.3　C/S 通信模式的设计及实现

　　访问引擎采用面向对象模块化设计，便于开发和后续的维护。访问引擎设计采用 UML 组件视图进行描述。在 UML 中，组件视图是用于静态描述一个系统的组成情况。在本项目中，采用 UML 组件视图描述访问引擎的架构，贯彻面向对象的设计思想，提

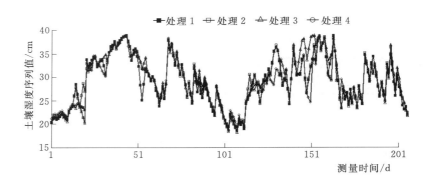

图 8.36　土壤湿度-时间序列值

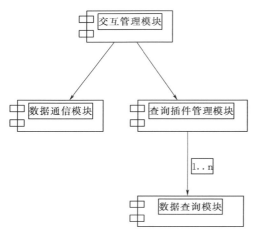

图 8.37　系统组件图

高项目质量，有效降低项目开发周期。

整个访问引擎系统分 4 个部分组成，如图 8.37 所示。通过模块间接口耦合，实现整个访问引擎功能。系统采用可扩展设计，满足后续数据访问要求的更新。对于数据查询插件，采用多个查询插件分别对应每个存储系统，实现存储系统访问的所有功能。

（1）交互管理模块。访问引擎的主控模块，负责与外部接口的实现，可以基于应用层与数据访问引擎的通信协议，与应用层交互。

（2）数据通信模块。实现具体的通信协议封装、数据回传和网络传输功能。数据通信模块为服务器架构，采用完成 Boost ASIO 库的异步模式实现，支持大数据吞吐。通信模块的协议设计也是本系统实现的重点。

（3）插件管理模块。访问引擎需要访问分布式存储系统，因此需要了解下层数据分布情况。插件管理器管理具体的查询插件，然后根据数据特征，将查询任务分配给制定的查询插件。从而实现分布式查询支持。插件管理器实现各数据分析（查询）插件的动态加载和卸载，任务的分派。

数据发送到 SCOKET 的方法有两种，即 SEND 或 SENDTO 方法。SCOKET 读取数据采用 RECEIVE 或 RECEIVEFROM 方法。在结束 SCOKET 的使用后要禁用 SCOKET，禁用 SCOKET 采用 SHUTDOWN 方法，关闭 SCOKET 采用 CLOSE 方法。通过 SCOKET 类来提供到 TCPCLIENT、UDPCLIENT 和 WEBREQUEST 及子类，MICROSOFT . NET 框架实现与 INTERNET 连接。选择"组件类"，在"名称"文本

框中输入"SocketUDP"，在 Dispose() 函数后添加如下代码[22]：

Private int UDP_Server_port；

Private System. Threading. Thread thdudp；

Private IPEndPoint_Server ＝ new IPEndPoint(IPAddress. Any,0)；

Public delegate void DateArrivalEventHandler(byte[] Date,IPAddress IP,int Port)；

8.3.4　数据库连接的设计及实现

完成贵州山区现代水利自动化与信息化系统系统的各个子系统功能的首要任务是数据库的连接，第一步是要开启所使用的数据库 SQL Server 服务管理器，在系统客户端程序应用中的登录连接模块，输入对应的服务器名称、数据源（库）名称和用户名以及密码。当系统的服务器名称、数据源（库）名称和用户名以及密码与对应存储的特定记录吻合，并使用用户名和密码进行身份验证后，系统的登录界面方能进入；反之，系统将给出"数据无法连接数据引擎"的提示。

数据库连接模块流程如图 8.38 所示。

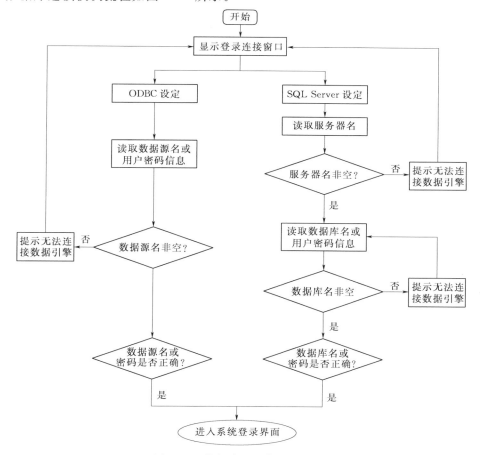

图 8.38　数据库连接模块流程图

贵州山区现代水利自动化与信息化系统系统采用的是 ODBC 和 SQL Server 两种方式进行数据库的连接，各个用户可以根据自己的需求进行相应的设定选取所需的数据库连接方式。

8.3.5　用户登录的设计及实现

完成了对应的数据库连接方式，数据库连接已实现后，下一步就要实现对水利水电工程系统的各项工作，该项内容主要是通过系统界面来实现的，作为应用程序的管理是通过客户端来完成的。

在系统中，信息起到了桥梁的作用，自身必须具备一定层次的安全保护措施，通过验证用户的身份，达到保护数据库信息不被修改和破坏。因此，当服务器和相应的数据被正确连接后，用户就会进入登录模块，登录模块对用户的身份信息进行验证正确后，才可进入系统。当系统读取的用户名和密码与数据库管理员的记录相符合时，进行密码验证，正确后方可进入系统的主程序，若不符合，系统将提示用户"登录用户名或者密码错误"。系统设计时，要求用户输入的用户名必须是 6 位有效数字或英文字母（区分大小写）与阿拉伯数字的组合，要求密码为 8 位，采用数字或英文字母（区分大小写）与阿拉伯数字组合来实现保密和安全的需要。数据连接界面如图 8.39 所示，登录模块流程如图 8.40 所示。

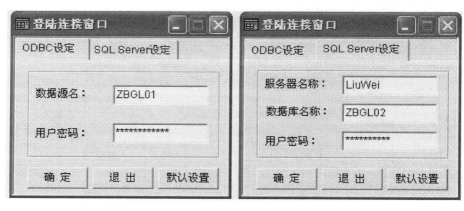

图 8.39　数据连接界面

用户登录的代码如下。

```
string ls_user,ls_pwd,ls_sf,ls_zbsccjdm
ls_user=Upper(trim(sle_user. text))
ls_pwd=trim(sle_pwd. text)
gs_user=""
gs_ zbsccjdm =""
gs_password=""
if isnull(ls_user)or len(ls_user)<=0 then
```

messagebox("提示信息","必须输入用户名!")

  sle_user. setfocus()

  return

end if

if uf_can_join(ls_user,ls_pwd)<>0 then

  messagebox("提示信息","对不起,您的身份无法确

认!",StopSign!)

  return

end if

select sf,zbsccjdm into :ls_sf,:ls_ zbsccjdm from dm_czy

where czydm=:ls_user;

if sqlca. sqlcode <>0 then

  rollback;

  messagebox("提示信息","现在无法访问数据库,可

能是数据库忙,或者网络繁忙,请稍后再试!")

  return

close(parent)

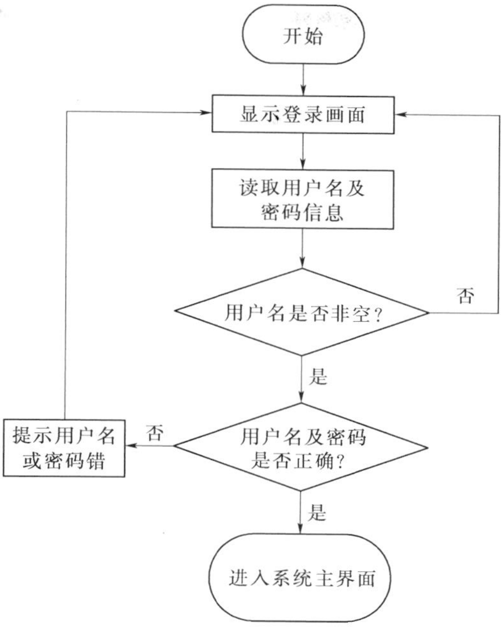

图 8.40 登录模块流程图

  打开贵州山区现代水利自动化与信
息化系统,进入"系统登录"界面。第一次使用系统的用户,需要向系统提交使用
申请,建立一项新工程,输入本项工程的管理密码,同时系统管理项也会对新用户
定义身份,如普通用户、高级用户、管理员等。"系统登录"界面如图 8.41 所示,用
户可以选择多个不同安全级别的用户身份登录系统。每个用户连续输入错误密码最
多为 3 次,若连续超过 3 次密码输入错误,用户则无法进入系统,软件登录界面也将
自动关闭,同时弹出警告提示框,提醒用户确认个人登录信息后,再进行相关的
操作。

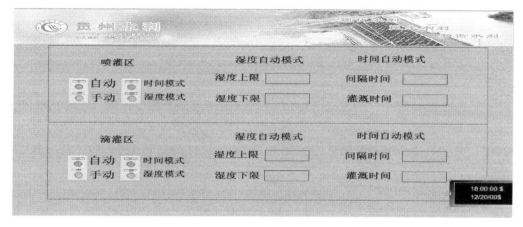

图 8.41 "系统登录"界面

8.4　无线通信的设计与实现

在比较目前无线通信领域通信协议的基础上，本设计设定的通信格式见表8.2，通信校验方式采用 CRC 和校验。通信格式中起始字节为帧开始字节，用于辨别是否为同组通信；帧长度字节为通信帧长度总和；校验位1为第一次和校验字节；设备号字节为各下位机的地址字节；命令字字节为相关命令，其对照见表8.3；长度 - 2字节为填补多余的长度字节；校验和字节为第二次和校验字节，确保正确通信。

表 8.2　通 信 格 式

名称	起始字节	帧长度字节	校验位1	设备号字节	命令字字节	长度 - 2	校验和
默认值	0xa5	—	—	—	—	—	—
长度	1	1	1	1	1	1	1

表 8.3　命 令 字 字 节 对 照 表

命令字字节	含义	命令字字节	含义	命令字字节	含义
0	通信测试	3	开阀门时间	6	设置最小土壤湿度
1	求温度	4	开阀门	7	设置最大土壤湿度
2	求土壤湿度	5	关阀门	100	返回值

本次设计无线串行数据传输模块采用 APC220 - 43。APC220 - 43 具有以下特点：传输距离可远达 1000m（2400bit/s）、工作频率为 418～455MHz（1kHz步进）、拥有超过 100 个频道、GFSK 的调制方式、循环交织纠错编码功能强，软件编程选项设置灵活、拥有 UART 接口，RS - 232/RS - 485 可定制。

设计中，串口速率（Series Rate）为 9600bit/s，串口校验（Series Parity）为 Disable，收发频率（RF Frequency）为 434MHz，空中速率（Series Rate）为 9600bit/s，输出功率（RF Power）为 20MW，网络号（NET ID）为 12345，节点编号（NODE ID）为 123456789012，计算机端口（PC Series）为 COM3。模块与终端设备连接，EN 为电源使能端，RXD、TXD 为 URAT 的输入口。TTL 为电平；SET 为参数设置，低电平有效。

8.5　数据库系统设计及安全

系统数据库采用 SQL Server 2005，在设计数据库的过程中，第一步要充分考虑不同模块的功能性需求，接下来要详细设计各个模块的数据流程，最后，应用数据流程分析来完成数据结构和数据项的设计。灌溉计划表可以自行设定、修改和删除。当灌溉计划完成后，应自动完成灌溉状态和灌溉历史表相关信息的更新。父表为灌溉对象，灌溉区域为子表。主键分别设定为作物名称、灌溉区域 ID、灌溉时间。

（1）灌溉对象信息表。包含的数据项有作物名称（char）、湿度下限（float）、湿度上限（float）、环境温度（float）等。

（2）灌溉区域信息表。包含的数据项有浇灌区域 ID（int）、浇灌面积（float）、作物名称（char）、浇灌方式（char）。

（3）灌溉计划信息表。包含的数据项有灌溉区域 ID（int）、浇灌时间（datetime）、灌水量（float）等。

（4）灌溉状态信息表。包含的数据项有灌溉区域 ID（int）、设备通信状态（bool）、温度采集状态（bool）、湿度采集状态（bool）、温度值（float）、湿度值（float）。

（5）灌溉历史信息表。包括的数据项有灌溉区域 ID（int）、灌溉时间（datetime）、灌溉水量（float）、灌前湿度（float）、灌后湿度（float）等。

数据库的安全是指保护数据库以防止不合法地使用造成数据泄密、更改或破坏。不合法地使用是指不具有数据操作权的用户进行了越权的数据操作。数据库管理系统通过种种防范措施防止用户越权使用数据库，其安全保护措施是否有效是数据库系统的主要性能指标之一。数据库的安全除了在数据库设计中应该进行规划和集中外，还要考虑数据库在运行中应该考虑的因素。

计算机系统的安全模型如图 8.42 所示。在图 8.42 所示的安全模型中，用户要求进入计算机系统时，系统首先根据用户输入的用户标识身份鉴定，只有合法的用户才允许进入计算机系统；对已进入的用户，DBMS 还要进行存取控制，只允许用户进行合法操作；操作系统也会提供相应的保护措施；数据最后还可以以密码形式存储到数据库中。

图 8.42　计算机系统的安全模型

8.5.1　用户标识与鉴定

用户标识与鉴定（Identification & Authentication）是系统提供的最外层安全保护措施。每次用户要求进入系统时都要输入用户标识，系统进行核对后，只有对合法用户才提供机器使用权。获得了机器使用权的用户不一定具有数据库使用权，数据库管理系统还要进一步进行用户标识和鉴定，以拒绝没有数据库使用权的用户（非法用户）进行数据库数据的操作，要进行数据库数据的合法操作就需要获得数据库设计阶段所设计的数据库用户身份鉴定标识。

用户标识和鉴定的方法非常多，除了常用的口令控制外，用户身份还可以采用比较复杂的计算过程和函数来完成。此外，智能卡技术、数字签名技术和生理特征（如指纹、体温、声纹、视网膜纹等）认证技术的迅速发展也为具有更高安全要求的用户身份认证提供了可行的技术基础。

8.5.2　存取控制

DBMS 的存取控制机制是数据库安全的一个重要保证，它确保具有数据库使用权的用户才能操作数据库，同时令未被授权的人员无法接近数据。

存取控制又可以分为自主存取控制（DAC）和强制存取控制（MAC）两类。在自主存取控制方法中，拥有数据对象的用户即拥有对数据的所有存取权限，而且用户可以将其所拥有的存取权限转授予其他用户。自主存取控制很灵活，但在采用自主存取控制策略的数据库中，这种由授权定义的存取限制很容易被窃取，使系统无法对抗对数据库的恶意攻击。因此，在要求保证更高程度的安全性系统中采用了强制存取控制的方法。

在强制存取控制方法中，对数据库中每个存取对象指派一个密级，对每个用户授予一个存取级。对任意一个对象，只有具备合法存取级的用户才可以存取，可以有效地防止"特洛伊木马"类的恶意攻击。

8.5.3 视图机制

视图的一个优点就是可以对机密的数据提供安全保护。在系统中，可以对不同的用户用不同的视图，通过视图把数据对象限制在一定的范围内，把要保密的数据对无权存取的用户隐藏起来，从而自动地对数据提供一定程度的安全保护。

8.5.4 审计

审计（Audit）就是把用户对数据库的所有操作自动记录下来放入审计日志（Audit Log）中，这样，一旦发生数据被非法存取，数据库管理员（DBA）可以利用审计跟踪的信息，重现导致数据库现状的一系列事件，找出非法存取数据的人、时间和内容等。

虽然存取控制在经典和现代安全理论中都是系统安全策略的最重要的手段，但软件工程技术目前还没有达到完全保证一个系统的安全体系的程度，因此不可能保证任何一个系统完全不存在安全漏洞，也还没有一种可行的方法可以彻底解决合法用户通过身份认证后滥用特权的问题。这样，审计功能不仅是保证数据库安全的重要措施，也是数据库安全中不可缺少的最后一道防线。

由于审计通常是很费时间和空间的，因此 DBMS 往往都将其作为可选功能，允许 DBA 根据应用对安全性的要求，灵活打开或关闭审计功能。

8.5.5 数据加密

数据加密是防止数据库中的数据在存储和传输中失密的有效手段。加密的思想是根据一定的算法将原始数据（明文，Plain Text）变换为不可直接识别的格式（密文，Cipher Text），从而使得不知道解密算法的人无法获得数据的内容。

加密的方法主要有两种：一是替换方法，该方法使用密钥（Encryption Key）将明文中的每一个字符转换为密文中的字符；二是置换方法，该方法仅将明文的字符按不同的顺序重新排列。单独使用这两种方法的任意一种都不是安全的，本次设计的系统中的信息管理系统将这两种方法结合起来确保所使用的数据库的安全。

数据库的安全有的是根据开发工具就可以进行考虑和设计，有的是需要在数据库运行中需要考虑。比如，为了防止一些安全漏洞的出现，设计采取预防措施：周期性的改变管理员的密码；权限用户也经常改变密码；避免密码共享；随机地监听所有的活动；执行数据库审核等预防措施。

8.6 控制方法的选取

灌溉系统具有大惯性、非线性与时滞性的特点，很难对其建立准确的数学模型，采用传统控制方法对其进行控制无法达到节水增产的效果。模糊控制不需要建立被控对象的数学模型，系统鲁棒性强，因此对灌溉对象采用模糊控制非常合适。

8.6.1 模糊控制的基本原理

模糊控制系统主要由输入/输出接口电路、模糊控制器、传感器系统（或检测装置）以及广义对象等部分组成。输入/输出接口电路主要包括前向通道中的 A/D 和后项通道中的 D/A 装换电路。模糊控制器的主要作用是完成输入精确量的模糊化处理、模糊规则运算、模糊推理决策运算及精细化处理等重要过程。传感器系统主要由土壤湿度、流量、雨量等传感器组成，用于采集作物的环境条件参数；广义对象主要包括执行机构和被控对象两部分。

模糊控制系统工作原理如图 8.43 所示，由传感器获取被控变量的精确值，然后将给定值与精确值作比较获得精确偏差，并进行模糊化处理、模糊规则和推理运算等，再经过精确化处理，最后输出精确量。经 D/A 转化成模拟量推动执行原件，实现控制被控对象的目的。

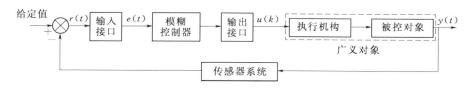

图 8.43 模糊控制系统工作原理图

8.6.2 灌溉控制系统的建立

现代控制原理和经典控制原理的控制器设计都必须以被控对象的数学模型为基础，这也是它们的共同点。假若其没有数学模型，或者其数学模型不够精确，将会约束控制器的控制效果。而现实应用中所涉及的控制系统中，大多数具有时变、大延迟、非线性等特点。这些因素使得精确的数学模型难以建立，因此，两种控制原理都难以达到较好的控制效果。

模糊控制系统是以模糊逻辑推理、模糊语言以及模糊集合化为基础的一种先进控制系统。模糊系统的核心是由 if - then 规则组成的知识库，因此也是一种基于规则的系统。所谓 if – then 规则，其实就是运用连续的隶属函数以 if – then 形式陈述某些句子。按控制器的智能型的角度分类，模糊控制属于智能控制的范畴。从模糊控制系统按非线性与线性控制系统上看，控制系统是一种非线性控制。在设计模糊控制系统时，必须解决以下 3 个基本问题才能实现以语言为控制形式的模糊逻辑控制器：

（1）通过传感器把被控对象的数据采集后，对其物理量进行模糊量化或者模糊化。这样就可以把采集的数据转换成知识库便于理解和操作的变量形式。

（2）形成模糊控制规则以及对其推理。根据操作者多次的观察和试验，定出符合被控对象控制要求的模糊控制规则，并进行模糊逻辑推理，得到一个较为理想的模糊隶属函数，即模糊输出集合。这一步的目的是使模糊值去适配控制规则，为每个模糊控制规则确定其适配程度，并运用加权计算来合并那些规则的输出。

（3）模糊输出量的解模糊。根据上一步推理得出的模糊隶属函数，用一个比较有参考性的精确值作为控制量，这个精确值通常是运用各种不同的方法获得的。这一步的目的是使单点的输出值能代表模糊输出量的分布范围，能方便地实现执行器的控制。

模糊控制器主要由模糊化、知识库、模糊推理和清晰化等 4 个部分组成。模糊化是将传感器提供的精确量进行尺度变换到相应的论域范围，并进行模糊化处理；知识库通常由数据库和模糊控制规则两部分组成，包含了具体应用领域中的知识和要求的控制目标；模糊推理是基于模糊逻辑中的蕴含关系及推理规则来进行的；清晰化环节包含将模糊的控制量经清晰化处理变换为表示在论域范围的清晰量和将表示在论域范围的清晰量经尺度变换转换成实际的控制量。

8.6.3　MATLAB 与 C♯ 程序混编

MATLAB 是一个功能强大的教学软件，它不但可以解决数学中的数值计算问题，还可以解决符号演算问题，并且能够方便地绘出各种函数图形。MATLAB 是一种科学计算软件。早期的 MATLAB 主要用于解决科学和工程的复杂数学计算问题。

MATLAB 模糊控制工具箱（Fuzzy Logic Toolbox）具有功能强大和方便易用的特点，它提供了建立和测试模糊逻辑系统的一整套功能函数，包括定义语言变量、隶属度函数、模糊推理系统数据管理以及交互式地观察模糊推理的过程和输出结果。

MATLAB 开发版本为 R2008 [a]，并一同安装 MCR。MATLAB 模糊控制工具箱提供了一系列与模糊控制相关的函数，计算人员只需将适当的参数填写进去便可以得出所需的模糊隶属函数，同时也可以通过简单的语言书写建立模糊控制函数。

C♯ 是微软 2006 年发布的一种新的编程语言，具备 C 语言和 C＋＋的强大功能以及 Visual Basic 简单易用的特性，容易掌握，开发简单。本设计中 C♯ 应用程序编译平台为 Visual Studio 2008。

可以通过 MATLAB 中提供的 "Start→MATLAB→ Builder NE →Deployment Tool" 功能将 MATLAB 程序编译成 COM 组件，混编方法示意如图 8.44 所示。通过在 C♯ 中引用编译生成的 dll 文件便可以达到 C♯ 程序中调用 MATLAB 的目的。

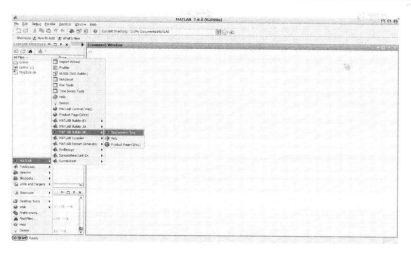

图 8.44　混编方法示意图

MATLAB 和 C♯ 混编流程如图 8.45 所示。

8.6.4　基于模糊控制的计算机灌溉系统设计

由于节水灌溉依赖于多环境因素，难以准确地建立其数学模型，而土壤湿度作为作物灌溉与否的重要指标，又是众环境因素中最重要的因素。因此，目前灌溉控制系统中多采用将土壤湿度的误差和灌溉时间分别作为输入和输出变量，通过传感器获取土壤湿度值并计算后，由有经验的操作者或专家依据经验定出模糊控制规则，并进行模糊推理，最后得出模糊隶属函数，得到合适的灌溉时间作为输出量，实行模糊控制灌溉。模糊控制原理如图 8.46 所示。

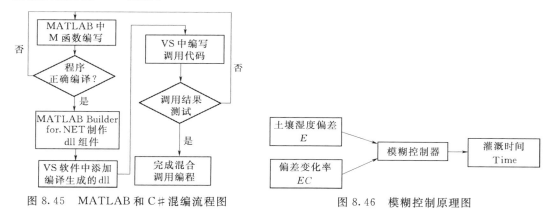

图 8.45　MATLAB 和 C♯ 混编流程图　　　　图 8.46　模糊控制原理图

首先通过模糊控制工具箱配置模糊控制组件，命名为 out _ time。然后通过 readfis（）函数装入。上位机读取下位机发送上来的土壤湿度值后，计算偏差然后转换为 MWNumericArray 格式传入到模糊控制箱中，模糊控制箱输出时间隶属函数，再转换到 C♯ 中，最后通过上位机发送到下位机控制电磁阀打开的时间。

设土壤湿度参考值为 R，实时传感值为 H，输入变量 $E = R - Y$，$EC = \mathrm{d}E/\mathrm{d}t$。输出变化值为电磁阀打开时间 T。参数配置和变量配置分别见表 8.4 和表 8.5。

表 8.4　　　　　　　　　　参　数　配　置

参数	论域范围	语言变量值	隶属度函数
E	$[-1,1]$	NB,NM,NS,0,PS,PM,PB	gaussmf()
EC	$[-0.1,0.1]$	NB,NM,NS,0,PS,PM,PB	gaussmf()
T	$[0,1]$	0,PS,PM,PB	trimf()

表 8.5　　　　　　　　　　变　量　配　置

E	EC						
	NB	NM	NS	0	PS	PM	PB
NB	0	0	0	0	0	0	0
NM	0	0	0	0	0	0	0
NS	0	0	0	0	0	PS	PM
0	0	0	0	0	PS	PM	PB
PS	0	0	0	PS	PM	PB	PB
PM	0	0	PS	PM	PB	PB	PB
PB	0	0	PS	PM	PB	PB	PB

控制器总体设计如图 8.47 所示，变量设计如图 8.48 所示，规则表如图 8.49 所示。

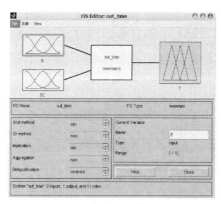

图 8.47　控制器总体设计图　　　　　　图 8.48　变量设计图

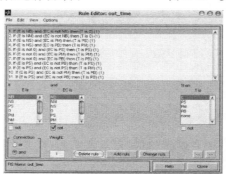

图 8.49　规则表

8.6.5　模糊控制器设计

模糊控制器结构如图 8.50 所示。

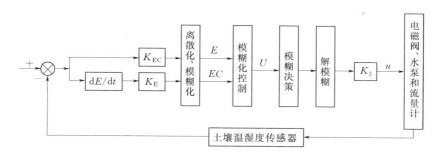

图 8.50　模糊控制器结构图

8.7　用 MATLAB 模糊逻辑工具箱设计模糊控制器

8.7.1　隶属度函数的建立

1. 输入输出变量论域及模糊语言变量

设土壤当前土壤湿度值为 r，作物当前所需土壤湿度值为 y，则输入变量 $E=r-y$，$EC=\mathrm{d}e/\mathrm{d}t$，输出变量为电磁阀打开时间 Time。结合主要作物灌溉制度确定的各阶段最佳土壤湿度范围和最佳土壤湿度，定义偏差 E 的论域为 $[-10\%,10\%]$，如黄瓜初花期，它的最佳土壤湿度为 23.31%，则限定的实际土壤湿度变化范围为 $[13.31\%,33.31\%]$。各个阶段的最佳土壤湿度上下浮动 10% 的范围都覆盖了最佳土壤湿度范围，使得在这个实际论域中包含有土壤干燥、土壤湿度适中和土壤过湿的状况，能够对每种状况作出相应的决策。论域范围又不能过于大，否则会导致系统在最佳土壤湿度附近调节时的精度。

将土壤湿度传感器探头埋在土壤深度 20cm 处，通过试验室传感器正上方滴灌试验，测量滴灌时间和土壤湿度变化的关系，试验结果可得土壤湿度在滴灌后 20min 后才有显著变化。为了能够更好地监测上一次灌溉的效果，适度延长采样时间，此处取 30min 对土壤湿度进行一次采样。经过多次测试得出，30min 内土壤水分变化都在 15% 以内，所以取 EC 的论域为 $[-15\%,15\%]$。前面定义 E 的论域时，在初花期时土壤湿度最小，限定的最小土壤湿度为 13.31%，而各个阶段最佳土壤湿度范围上限都为 32.28%，则最大输出时间为土壤湿度从 13.31% 变化到 32.28% 时所需要的滴灌时间，由试验测得大约需要 40min，则 Time 的论域为 $[0,40min]$。本设计中输入/输出变量的实际论域见表 8.6。

表 8.6　　　　　　　　　　　　　　输入/输出变量的实际论域

输入/输出变量	实际论域	输入/输出变量	实际论域	输入/输出变量	实际论域
E	$[-10\%,10\%]$	EC	$[-15\%,15\%]$	Time	$[0,40\text{min}]$

输入/输出语言变量的数量要根据系统的实际情况来确定，定义语言变量的个数越多，则能够将模糊论域划分得越细，能够覆盖的情况越全面，最终的控制效果越好，但是相应规则越多，复杂程度增加；定义语言变量的个数越少，控制规则越简单方便，但是规则覆盖面小，系统控制效果不理想。一般情况采用的输入/输出语言变量的数量为 5 个或 7 个，控制系统有较好的表现。本设计中的输入/输出语言变量见表 8.7。

表 8.7　　　　　　　　　　　　　　输入/输出语言变量表

E	NB、NM、NS、ZO、PS、PM、PB	Time	ZO、PS、PS+、PM、PM+、PB、PB+
EC	NB、NM、NS、ZO、PS、PM、PB		

本设计中定义输入/输出语言变量个数都为 7 个。土壤湿度偏差 E 的语言变量为负大（NB）、负中（NM）、负小（NS）、零（ZO）、正小（PS）、正中（PM）、正大（PB）。ZO 的意义是当前测量的土壤水分为最佳土壤湿度；NB、NM、NS 表示土壤湿度小于最佳土壤湿度的 3 个程度，强度依次减弱，NB 表示土壤严重缺水；PS、PM、PB 代表土壤湿度大于最佳土壤湿度的 3 个程度，强度依次增加，PB 代表土壤水分严重过多。土壤湿度偏差变化率 EC 的语言变量与 E 相同，但是代表的意义却不一样，分别为负快（NB）、负中（NM）、负慢（NS）、不变（ZO）、正慢（PS）、正中（PM）、正快（PB）。ZO 说明土壤湿度没有变化；NB 说明土壤湿度正在快速减小；PB 说明土壤湿度正在快速增加。输出灌溉时间 Time 的语言变量为不灌溉（ZO）、短时间（PS）、相对短时间（PS+）、中等时间（PM）、相对中等时间（PM+）、长时间（PB）、很长时间（PB+）。ZO 代表不需要浇水，电磁阀不开启；PS、PS+、PM、PM+、PB、PB+代表了电磁阀启的时间，从 PS 到 PB+开启时间依次增大。为了方便后面模糊变量的赋值及模糊规则响应表的制作，输入/输出变量的模糊集合论域见表 8.8。

表 8.8　　　　　　　　　　　　　　输入/输出变量的模糊集合论域

输入/输出变量	实际论域	输入/输出变量	实际论域	输入/输出变量	实际论域
E	$[-3,3]$	EC	$[-3,3]$	Time	$[0,3]$

2. 量化因子和比率因子

假设输入变量 x_j 的实际论域为 $X_j = [-x_j,x_j]\,(x_j>0)$；其模糊论域为 $N_j = [-n_j, n_j]\,(n_j>0)$。则定义从 X_j 映射到 N_j 的变换系数 k_j 为量化因子，表达式为

$$k_{\mathrm{j}} = \frac{n_{\mathrm{j}}}{x_{\mathrm{j}}} \qquad\qquad (8.1)$$

式中　n_{j}——模糊论域第 j 个值;

　　　x_{j}——实际论域第 j 个值。

由定义式（8.1）可知，$k_{\mathrm{j}} > 0$。

比率因子 k_{u} 是将模糊论域 N 映射到实际论域 U 的变换系数。假设模糊论域 $N = [-n, n](n > 0)$；实际论域 $U = [-u, u](u > 0)$，则比率因子 k_{u} 的表达式为

$$k_{\mathrm{u}} = \frac{u}{n} \qquad\qquad (8.2)$$

式中　u——实际论域值;

　　　n——模糊论域值。

设置量化因子后，就可以根据实际论域的变化，调整量化因子，使得模糊论域不变，这样就可以使用原先的模糊控制器。

设置误差 $e(t)$ 的基本论域为 $[-5\%, 5\%]$，误差变化率 $ec(t)$ 为 $[-15\%, 15\%]$，时间 t 为 $[0, 30\mathrm{min}]$。设 e、ec 及 t 相应的模糊变量分别为 E、EC 和 T，E 和 EC 的模糊集均为 $\{NB, NM, NS, 0, PS, PM, PB\}$，量化论域均为 $\{-3, -2, -1, 0, 1, 2, 3\}$；$T$ 的模糊集为 $\{0, PS, PM, PB\}$，量化论域为 $\{0, 1, 2, 3\}$。则 e 和 ec 的量化因子分别为 $k_{\mathrm{je}} = 3/5 = 0.6$、$k_{\mathrm{jec}} = 3/15 = 0.2$，比例因子为 $k_{\mathrm{u}} = 30/3 = 10$。

3. 模糊控制器隶属度函数

隶属度函数定量地描述了输入变量精确值到模糊集合的映射关系，选择合适的隶属度函数是进行模糊推理的前提，它决定了最终控制的效果。隶属度函数种类很多，有连续的也有离散的。对于典型模糊控制器，当输入模糊子集均匀地分布在模糊论语上时，模糊控制器的结构最佳。通过对隶属度函数在模糊论域上的覆盖区域和位置的调整，从而能够调整模糊控制系统的性能。

系统的输入/输出变量都是呈线性变化的。因此输入变量土壤湿度偏差 E、输入土壤湿度偏差变化率 EC 和输出灌溉时间 Time 均使用三角形隶属度函数，使其均匀地分布在整个论域内。系统模糊控制器的输入/输出隶属度函数分别如图 8.51～图 8.53 所示。

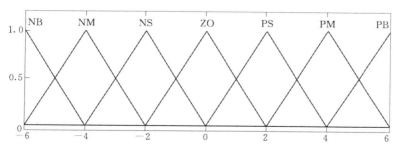

图 8.51　输入土壤湿度偏差 E 隶属度函数

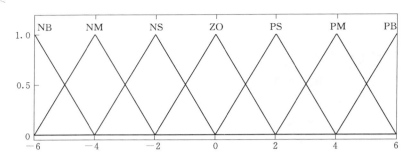

图 8.52　输入土壤湿度偏差变化率 EC 隶属度函数

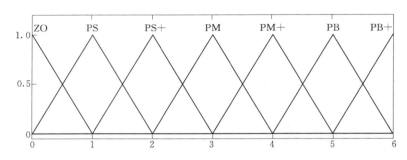

图 8.53　输出灌溉时间 $Time$ 隶属度函数

8.7.2 模糊控制规则及决策方法设计

1. 模糊规则的建立

模糊控制规则是以一线工作人员的长期工作实践经验和专家知识作为依据而建立的。大棚灌溉的控制原则是当土壤湿度偏差大时，输出量要向尽可能减小偏差的方向选取；当土壤湿度偏差较小时，输出量要向尽量保持土壤湿度稳定方向选取，避免超调的情况出现，这与模糊 PID 控制中的 KP 规则类似。同时，目前大棚灌溉系统没有对于过湿情况作出反应的执行机构，因此借鉴模糊 PID 控制规则和大棚灌溉系统本身特点，制作模糊逻辑规则表。

二维模糊控制器的模糊控制规则通常由模糊条件语句："if $\overline{E}$ and $\overline{EC}$ then $\overline{U}$"来表达，其中$\overline{E}$、$\overline{EC}$、$\overline{U}$分别为 E、EC、U 的模糊子集。多条这种结构的模糊条件语句就可以总结为模糊控制规则表。NB、NS、ZO、PS、PB 根据系统输出的土壤水分误差及误差的变化趋势，建立消除误差的模糊控制规则。它是对专家的理论知识与实践经验的总结，共 49 条规则，见表 8.9。

在 Rules Editor 窗口中输入这 49 条模糊逻辑控制规则如下。

（1）当土壤湿度偏差大于最佳土壤湿度时，不论土壤湿度偏差变化率如何变化，都不浇水，电磁阀不开启。

（2）当土壤湿度偏差为最佳土壤湿度时，若土壤偏差变化率为正，则不浇水；若土壤偏差变化率为负，即 NS 到 NB，则输出时间为 PS 增大到 PM。

表 8.9 模 糊 控 制 规 则 表

灌溉时间		土 壤 湿 度 偏 差						
		NB	NM	NS	ZO	PS	PM	PB
偏差变化率	NB	PB+	PB	PM+	PM	ZO	ZO	ZO
	NM	PB	PM+	PM	PS+	ZO	ZO	ZO
	NS	PM+	PM	PS+	PS	ZO	ZO	ZO
	ZO	PM	PS+	PS	ZO	ZO	ZO	ZO
	PS	PS+	PS	ZO	ZO	ZO	ZO	ZO
	PM	PS	PS	ZO	ZO	ZO	ZO	ZO
	PB	PS	ZO	ZO	ZO	ZO	ZO	ZO

（3）当土壤湿度偏差为 NS 时，代表土壤轻度缺水，若土壤偏差变化率为 PB+ 到 PS，则不浇水；若土壤偏差变化率为 ZO 到 NB，则输出时间为 PS 增大到 PM。

（4）当土壤湿度偏差为 NM 时，代表土壤中度缺水，若土壤偏差变化率为 PB，则不浇水；若土壤偏差变化率为 PM 到 PS，则输出时间为 PS；若土壤偏差变化率为 ZO 到 NB，则输出时间为 PS+ 增加到 PB。

（5）当土壤湿度偏差为 NB 时，代表土壤严重缺水，若土壤偏差变化率为 PB 到 PM，则输出时间为 PS，若土壤偏差变化率为 PS 到 NB，则输出时间为 PS+ 增加到 PB+。

2. 模糊控制规则响应表的制定

系统采用查表法实现模糊推理，模糊控制器首先把精确的输入量模糊化到输入变量的论域中，再根据结果查询模糊控制响应表求出结果从而控制执行机构，这样可以大大提高效率并节省内存。

对输入输出变量进行赋值，取 E、EC 的量化论域为 $[-3,-2,-1,0,1,2,3]$，$Time$ 的量化论域为 $[0,0.5,1,1.5,2,2.5,3]$，则 E、EC 和 Time 的赋值分别见表 8.10 和表 8.11。

表 8.10 E、EC 的赋值表

E、EC	−3	−2	−1	0	1	2	3
NB	1.0	0.6	0.2	0	0	0	0
NM	0.6	1.0	0.6	0	0	0	0
NS	0	0.6	1.0	0.2	0	0	0
0	0	0	0.5	1.0	0	0	0
PS	0	0	0	0.2	0.6	0.6	0
PM	0	0	0	0	1.0	1.0	0.6
PB	0	0	0	0	0.6	0.6	1.0

表 8.11   **_Time_ 的 赋 值 表**

Time	0	1	2	3
0	1.0	0.5	0	0
PS	0.5	1.0	0.5	0
PM	0	0.5	1.0	0.5
PB	0	0	0.5	1.0

模糊控制器的输出量是一个模糊集合，通过反模糊化方法判断出一个确切的精确量。反模糊化方法很多，常用的有重心法、系统加权平均法、最大隶属度法、隶属度限幅（$\alpha - C_{uf}$）元素平均法等 5 种方法。其中重心法能用较少时间和足够小的取样间隔来达到所需要的精度，比较而言，这是一种较好的方法。故在此选取重心法，取模糊隶属度函数曲线与横坐标轴围成面积的重心作为代表点，通常是计算输出范围内整个采样点（即若干离散值）的重心。

8.7.3　SIMULINK 仿真

MATLAB 提供的 SIMULINK 是一个用来对动态系数进行建模、仿真和分析的软件包，它被广泛应用于线性系统、非线性系统、连续系统、离散系统、数字控制及数字信号处理的建模和仿真中。

利用 SIMULINK 进行系统仿真的步骤如下。

（1）启动 SIMULINK，打开 SIMULINK 模块库和模型窗口。

（2）在 SIMULINK 模型窗口下，创建系统框图模型并调整模块参数。

（3）设置仿真参数，进行仿真。

（4）输出仿真结果。

模糊逻辑控制器的推理系统用 MATLAB Fuzzy Logic 工具箱建立。如果仿真的控制效果不满意，一般首先调整比例变换因子 k_e、K_{ec} 及 k_u，再调整模糊控制规则和隶属度函数。其中 Gain0＝0.2，Gain1＝0.6，Gain2＝600。

设定作物要求的土壤湿度为 25％，控制系统最终的稳定值在 25％附近略大。由此得土壤湿度阶跃响应曲线图如图 8.54 所示。图中折线代表土壤湿度变化对灌溉量的响应曲线，虚线代表作物要求的土壤湿度。

由响应图可以看出，信号的超调量较小，稳态响应时间较短，瞬态响应时间快，小于 1s。最后得到土壤湿度与作物要求的土壤湿度之间的误差在 5％左右，相差较小，满足农业生产的需求。

（1）模糊控制是一种非线性控制方法，不需要建立数学模型，控制系统的鲁棒性强，尤其适合如灌溉系统等具有大惯性、非线性与时滞性特点的系统。系统所开发的模糊灌溉控制系统已成功应用于思南塘头现代水利项目区自动化与信息化工程中的精品水果和蔬菜的智能灌溉。

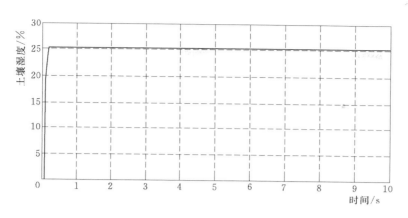

图 8.54　土壤湿度阶跃响应曲线图

（2）通过对基于 C♯ 和 MATLAB 的模糊灌溉控制系统设计，利用 MATLAB 5.1 模糊逻辑工具箱设计模糊控制器，实现灌溉决策系统化。该方法具有简便、直观、高效的特点。通过土壤湿度传感器测量土壤湿度参数，采用 C♯ 图形化编程，用户界面简洁，操作简单。同时，根据灌溉系统特点，选用模糊控制作为系统控制算法。采用 MATLAB Fuzzy Logic 工具箱设计了作物需水量的模糊控制器，可以实现智能灌溉的目的。整套灌溉系统编写容易，功能优良。

本 章 小 结

本章完成了上位机软件部分嵌入式系统的选型、基于 .NET 和 C♯ 的软件开发、操作系统内核的定制、SQL Server 数据库的建立和下位机软件部分包括单片机操作系统、引脚配置、程序流程图、程序设计等方面的内容。控制方法选取中，对模糊控制理论、基本原理进行了叙述，建立了模糊控制系统且设计了控制器，并应用 MATLAB 模糊控制工具箱建立模糊控制框图，以 SIMULINK 仿真工具对其仿真，并给出了仿真结果。

第9章 系统试验验证及应用示范

9.1 系统试验验证

  贵州山区现代水利自动化信息化系统试验场所选在贵州大学科技园的草坪坡地上，经过测验，通信距离可达 600m 以上。整套系统设计完成的电路印制电路板（PCB）二维图和三维图如图 9.1 和图 9.2 所示。完工的 PCB 以及组装好的整套系统、使用效果及滴灌效果如图 9.3~9.8 所示。经过实际验证，该系统通信效果好，土壤温湿度数据准确，能方便快捷地对相关数据进行处理，并控制相关的执行元件动作。自动控制和手动控制两种方式均具有较高的灵敏度，具有很好的应用和推广价值。

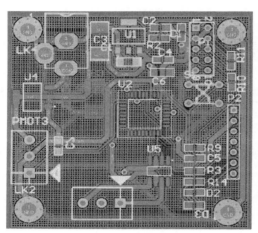

图 9.1 二维 PCB 图

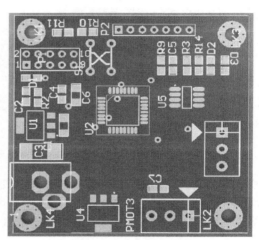

图 9.2 三维 PCB 图

图 9.3 下位机控制器

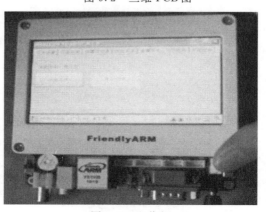

图 9.4 上位机

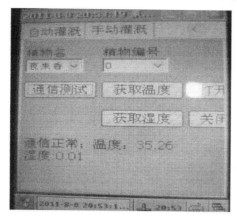

(a)　　　　　　　　　　　　　　　　(b)

图 9.5　上位机数据读取

图 9.6　上位机自动灌溉图

(a)　　　　　　　　　　　　　　　　(b)

图 9.7　使用现场

图 9.8 滴灌效果

目前，该设备已成功运用到贵州水利科学研究院在修文县的全国节水教育基地。在对玉米、烤烟实施滴灌的智能控制，以及研究相关作物节水规律起到了很大的作用。

贵州省山地农机所在的贵阳市花溪区的节水灌溉试验点，目的是对葡萄、柑橘等作物进行节水灌溉，该新设备也正在安装和调试中，目前前期工作已经就绪。项目组积极寻求相关部门的进一步支持，以使其产业化。

9.2 系统应用示范

9.2.1 推广应用及经济效益

系统适用于不同规模的园区，从几十亩至几千亩不等，通常设置气象监测站，土壤墒情监测站，水肥一体化系统，基于喷灌、滴灌、管灌的高效节水灌溉系统、泵站能效管理系统一套，园区重要部位设置无线视频监控点，辅助园区的管理和安防工作。

作为一项现代化施肥灌溉技术，其核心是通过全自动灌溉施肥机，将水、肥直接送达作物的有效根部，可有效地将灌溉与施肥充分结合，显著提高水肥耦合和水肥利用效率，解决过量施肥所造成的环境问题。

按照目前应用情况，息烽项目区以建成 100 亩核心区估算，每年可减少劳动力投入 100 个以上，每亩提高葡萄产量 50~100kg，综合折资可增收 17 万余元。以农业园区为载体，以高效节水灌溉和现代管理为落脚点，水生态治理、环境整治、农业产业结构调整、交通建设等相互配套，实现了山青、水秀、房美、路平、宜居的美丽新农村，美化了农村环境，进一步推进了乡村旅游业的发展。通过估算，当地每年因此带来的经济收入可达 100 余万元。

通过测算，惠水项目区节水 20％以上，工程建成后，项目区农业增产增收，群众增收致富，推动了现代农业的发展。项目区蔬菜、瓜果类每年新增产量 61 万 kg，年效益 286 万元，花卉苗木年效益 521 万元，工程效益十分显著。

系统高效节水灌溉区应用及节水率测试结果见表 9.1。

系统充分结合水利工程"建管养用"一体化新机制体制要求，明确工程产权、管理范围、水价改革与水费征收等信息，实现了"建得成、管得了、养得好、可持续"的目标，最大程度地发挥了水利设施的基础性作用，不但解决了农业园区的高效节水灌溉和现代化控制需求，还集成了供水自动化控制及信息化管理。系统结合 100 个示范小城镇

表 9.1　　　　　　　　　系统高效节水灌溉区应用及节水率测试结果

项 目 名 称	节水率	测试时间	推 广 规 模
贵州山区现代水利息烽红岩自动化与信息化系统	33%	2014 年 10 月	控制灌溉面积 500 亩，其中精品区 100 亩
贵州山区现代水利紫云火花自动化与信息化系统	35%	2014 年 12 月	控制灌溉面积 1400 亩，其中精品区 71 亩
贵州山区现代水利思南塘头自动化与信息化系统	40%	2015 年 1 月	控制灌溉面积 1200 亩，其中精品区 285 亩
玉屏县高效节水灌溉项目自动化控制系统	26%	2012 年 11 月	控制灌溉面积 350 亩，全部为精品区
铜仁碧江区规模化节水自动控制系统	28%	2013 年 9 月	控制灌溉面积 200 亩，全部为精品区
罗甸县规模化节水自动控制系统	32%	2014 年 9 月	控制灌溉面积 100 亩，全部为精品区
修文县节水灌溉示范园（全国节水教育基地）	31%	2012 年 9 月	控制灌溉面积 50 亩，全部为精品区

建设的供水自动化需求，如解决了思南塘头镇 2 万余人的发展用水计量管理以及息烽葡萄沟项目区保障发展乡村旅游的供水的自动化控制和信息化管理需求等问题。部分项目系统、控制界面以及部分数据如图 9.9～图 9.17 所示。

图 9.9　贵州山区现代水利思南塘头现代水利项目区自动化与信息化控制系统

图 9.10　现代水利项目区水肥一体化系统（以色列）

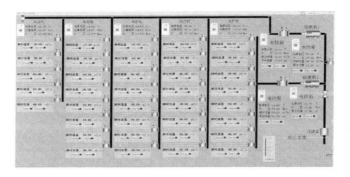

图 9.11　系统手动控制界面

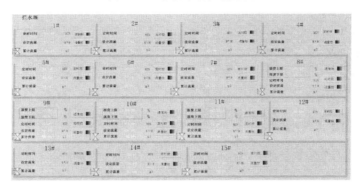

图 9.12　系统自动控制界面

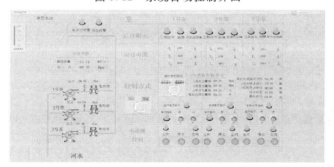

图 9.13　系统泵房水池自适应闭环控制

图 9.14　紫云灌区自动化控制中心

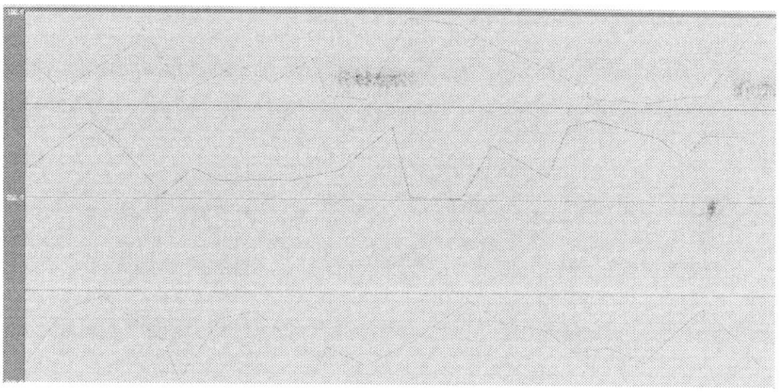

图 9.15 土壤墒情实时曲线图

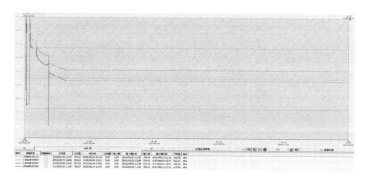

图 9.16 紫云灌区压力趋势预测曲线图

	A	B	C	D	E	F	G	H	I	J
1	系统历史数据									
2			精品区(10#)	精品区(11#)	11支流	精品区(8#)	14#土	3#土	4#土	7#土
3	日期	时间	累计流量	累计流量	瞬时流量	累计流量	壤湿度	壤湿度	壤湿度	壤湿度
4	2015/5/4	21:52:37	0.41	0.32	0.35	0.28	13.65	23.19	7.07	13.88
5	2015/5/4	21:53:37	0.79	0.61	0.7	0.56	13.66	23.83	7.08	13.88
6	2015/5/4	21:54:37	1.2	0.93	1.05	0.84	13.66	29.62	7.07	13.87
7	2015/5/4	21:55:37	1.61	1.25	1.4	1.12	13.66	29.85	7.08	13.87
8	2015/5/4	21:56:37	2.02	1.57	1.75	1.4	13.66	24.46	7.07	13.87
9	2015/5/4	21:57:37	2.43	1.89	2.1	1.68	13.65	30.75	7.11	13.88
10	2015/5/4	21:58:37	2.84	2.21	2.45	1.96	13.66	22.1	7.08	13.89
11	2015/5/4	21:59:37	3.25	2.53	2.8	2.24	13.66	16.77	7.11	13.89
12	2015/5/4	22:00:37	3.66	2.85	3.15	2.52	13.65	29.29	7.09	13.89
13	2015/5/4	22:01:37	4.48	3.49	3.5	2.8	13.65	24.77	7.1	13.9
14	2015/5/4	22:02:37	4.69	3.65	3.68	2.94	13.65	26.95	7.1	13.89
15	2015/5/4	22:03:37	4.89	3.81	3.85	3.08	13.66	29.12	7.09	13.87
16	2015/5/4	22:04:37	5.3	4.13	4.2	3.36	13.65	32.21	7.08	13.88
17	2015/5/4	22:05:37	5.71	4.45	4.55	3.64	13.66	25.89	7.07	13.86
18	2015/5/4	22:06:37	6.12	4.77	4.9	3.92	13.64	33.87	7.06	13.88
19	2015/5/4	22:07:37	6.53	5.09	5.25	4.2	13.66	34.11	7.09	13.87
20	2015/5/4	22:08:37	6.94	5.41	5.6	4.48	13.65	16.59	7.08	13.88
21	2015/5/4	22:09:37	7.35	5.73	5.95	4.76	13.65	19.01	7.06	13.89
22	2015/5/4	22:10:37	7.76	6.05	6.3	5.04	13.65	25.3	7.06	13.89
23	2015/5/4	22:11:37	7.07	6.21	6.48	5.18	13.65	25.24	7.07	13.89
24	2015/5/4	22:12:37	6.37	6.37	6.65	5.32	13.65	25.17	7.08	13.88

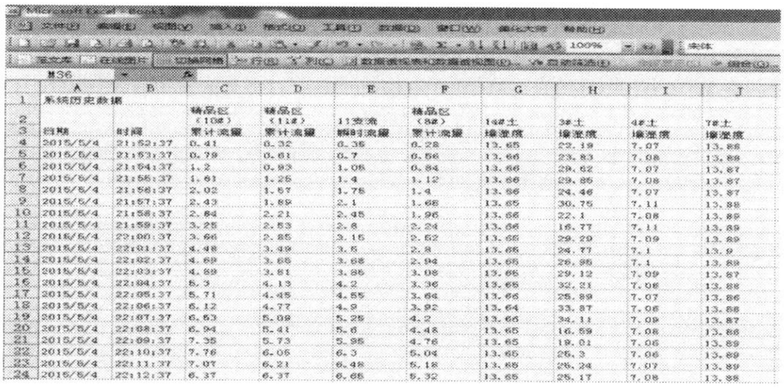

图 9.17 紫云灌区系统用水量及水费征收报表

系统实现了集气象监测、土壤墒情监测、水肥一体化、现代高效节水灌溉系统、管道流量远程控制、水泵自动启闭及远程控制等为一体的自动化、信息化控制技术，经过系统的整体技术评估，达到了国内先进水平。大大提高了节水效率，节约了人力资源，进而提高了农业经济服务组织和群众的经济效益。

9.2.2 社会关注及媒体报道

本研究成果已引起国内主流媒体的高度关注，新华网、人民网、中国水利网、贵州日报、贵州省政府网等媒体大量报道了项目显著的经济和社会效益。新华网于 2015 年 5 月 6 日对思南塘头项目的评价是"思南：深化改革让山区水利生机蓬勃"，"创建'思南模式'实现山区水利效益最大化"。人民网于 2015 年 5 月 8 日对思南塘头项目的评价是"贵州：思南县谱写深化山区现代水利改革的新篇章"，《贵州日报》以"贵州加快山区现代水利工作，实现水利与农业结合"为题，报道了项目的主要成果和特色。其他地方媒体如《铜仁日报》《安顺日报》《黔南日报》也都争相报道了项目的研究及应用成果。

本　章　小　结

本章在贵州大学科技园的草坪坡地、贵州水利科学研究院在修文的全国节水教育基地、贵州省山地农机所在的贵阳市花溪区的节水灌溉试验点等对贵州山区现代水利自动化与信息化系统进行了验证。验证结果表明系统实现了预期的设计目标，能够稳定运行，具有推广和应用的价值。基于试验结果，对系统进行了进一步的推广和应用，形成了良好的经济效益和社会效益，社会影响力不断增强。

第10章 现代水利自动化与信息化典型工程设计

10.1 总 体 设 计

10.1.1 设计说明

山区现代水利自动化与信息化系统建设工程实施方案秉承现代水利在贵州现代高效农业示范园区发挥重要的引领作用，和对贵州山区现代水利试点区工程成功经验的进一步推广，进一步创新以应用水联网、大数据、云计算等前沿和主流技术为支撑，针对园区管理现状、种植结构和管网分布等情况，建立实用性较强的集采集监测、灌溉于一体的具有自动控制、远程视频、泵房水池、气象监测等多种要素的系统技术解决方案。

系统采用无线传感器网络来实时监测作物生长环境参数，利用无线视频监控实时监控作物长势、灌溉施肥、运行管理等情况。通过精准调控为作物生长提供最佳条件，同时可为园区管理提供全方位可视化的视频监控画面，实现智能化灌溉、无人化管理，有效地降低园区水利设施管理运行成本，达到节水、节肥、增产及改善品质、减少环境污染、便于管理、节能增效等目的。

项目承载贵州省水利改革发展的全新思路，是贵州省水利发展的方向性和理念性的创新体现，孕育贵州省现代水利的深刻内涵。项目管理实施应根据贵州省水利厅发布的贵州山区现代水利"建管养用一体化"改革实施方案导则，组织实施好项目区"建管养用一体化"改革实施方案，形成工程良好的运行管理机制，使其长期发挥效益。预期将建成国内较高水平的现代水利自动化与信息化大数据系统，代表现代水利乃至现代农业新技术的发展方向，助推思南县现代农业主导产业的发展，有望加速思南县乃至贵州省传统农业向现代农业转型升级的步伐。意义重大，示范作用突出，经济和社会效益显著。

贵州现代水利自动化与信息化工程涉及关中坝核心区，灌溉面积1200亩，其中重点打造以土壤墒情为灌溉指标的精品区约200亩。设计遵循以下原则：

（1）实用性强，并具备技术先进性。

（2）稳定性及耐用性强。

（3）易用性、扩展性好。

（4）完善性好。

关中坝核心区系统建设范围如图 10.1 所示。

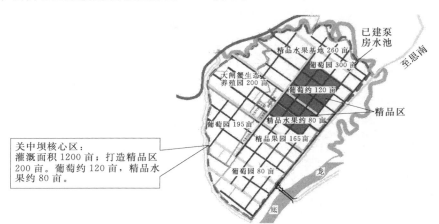

图 10.1　系统建设范围

（注：虚线内为 1200 亩核心区）

10.1.2　建设内容

根据贵州山区现代水利自动化与信息化工程建设、管理需要，本次水利自动化与信息化系统须集成远程数据采集、远程视频传输、远程监测控制、数据分析与决策、园区管理综合应用等功能为一体。系统通过监测、传输、诊断、决策及作物水分动态管理实现按照作物生育期水肥需求等信息来实现灌溉施肥的自动化、精准化、节约化。

1. 试点区建设内容

（1）控制至分干管级，重要管网集成测流、测压、水量配置功能。试点区工程控制至干管、分干管等，重要管网分水处均测流、测量及自动输配水，实现定时、定量、定计划的自动灌溉等功能。系统的数据分析与决策功能模块实现水资源优化配置，科学指导农业灌溉，达到节水、节肥、节能、节工，提高灌区综合效益，立足打造现代灌区、生态灌区。

（2）便捷的控制和管理方式。控制区域可以根据需要在现场控制、现代水利控制中心（管理房）控制、远程网络多级控制、多模式管理中自由选择。还可采用手机短信、平板电脑等移动终端设备实现控制的便捷性。试点区工程重要管网、泵站高位水池及现代水利控制中心系统管理权限设置按照项目"建管养用一体化"实施方案管理范围进行权限分级管理。

2. 精品区建设内容

（1）控制至支管级，重要管网集成测流、测压、水量配置功能。试点区工程控制至支管级，重要管网分水处均测流、测量及自动输配水。将土壤墒情作为自动化灌溉系统的控制性指标，同时兼具定时、定量、设定计划的自动灌溉等功能。系统的数据分析与决策功能模块实现水资源优化配置，科学指导农业灌溉，达到节水、节肥、节能、节工，提高灌区综合效益，立足打造现代灌区、生态灌区。

（2）基于土壤墒情的自动灌溉，节能节水。以土壤墒情为重要的灌溉指标，同时兼具试点区测流、自动测压及超限预警功能。能按预设需水量限值的要求定时、定量地进行灌溉。并能根据作物不同生长阶段需水量的要求，实现精准灌溉，节水 30% 以上。

（3）自动灌溉，节能、节水。能按预设需水量限值的要求定时、定量、设定计划进行灌溉。并能根据作物不同生长阶段需水量的要求，实现精准灌溉，节水 30% 以上。项目区所在区域光热条件好，故系统供电采用大容量太阳能供电，具备稳定性、节能性、长期运行成本低等特点。

（4）数据信息与视频信息实时显示。屏幕同时显示现场的实时数据、历史数据和历史数据的趋势图，设置上下限值实现超限报警。远程视频监控能反映出作物的生长阶段、灌溉情况及园区关键设备的运行状况，防止盗窃及丢失，辅助园区的中心管理工作。

（5）实现水肥一体化。系统能实时监测土壤肥力、养分情况，并根据预设的作物施肥配方指导作物施肥，实现水肥一体化。系统完成后，除服务于示范园区日常的管理运行外，还可用于开展定期及长时水利科学试验，如作物灌溉试验、灌溉水利用系数的自动测算、灌区水资源合理配置模型试验、农业面源污染及水肥耦合模型试验等。

（6）水泵水池自适应控制。系统综合完成水位自动监测、临界水位报警、水泵自动启停、水泵转速调节（自动调节进出水量），实现水泵根据水池水位变化自动启停、根据需水量的要求自动调节进出水量，进而达到水泵房的无人化及自动化的管理。

（7）现代水利控制中心。现代水利控制中心将水源开发、输配水、灌水技术和降雨、土壤墒情、作物需水规律等进行综合技术集成，对灌区量测水、雨水进行测量和控制，并由控制中心统一调度和管理，实时显示灌溉管网控制信息及视频监控管理画面。实现按需、按期、按量自动供水，做到计划用水、优化配水，以达到节水灌溉和充分利用水资源的目的。

10.1.3　建设目标

以思南县关中坝特色蔬菜产业示范园区为载体，针对园区葡萄花卉等主要作物的水肥需求规律，实施以"水"为核心的系统化工程解决方案。在自动灌溉、精量施肥、视频监控、水泵启停及高位水池自动放水等方面实现全面的自动化和信息化控制，达到无人值班、少人值守的效果，明显提高园区综合效益。

10.1.4　方案概述

试点区工程水利自动化与信息化建设由基于墒情监测的自动化控制灌溉控制系

统、智能视频监控系统、水肥一体化系统、泵房水池自适应控制系统等几部分组成，集远程数据采集、远程视频传输、远程监测控制、水量自动计量为一体的综合控制系统。

系统按照分级管理、权责对等进行建设。通过系统设置不同的管理权限，实现不同用户的分层分级控制。

1. 河道入水口—主管段—高位蓄水池自动化控制

河道入水口—主管段—高位蓄水池控制主要实现河道提水泵的现地操作和远程操作、运行参数的实时监测、现场运行过程的动态模拟，通过对蓄水池水位自动监测、临界水位报警、提水泵启停等操作，实现提水泵根据水池水位变化自动启停，加压泵根据需水量的要求自动调节进出水量，进而实现提水泵和加压泵的遥测遥控及输配水的自动化。系统建成后可对整个输水线路进行实时控制，完成对设备参数和运行工况的实时监测，有效地提高系统设备的可靠性和自动化水平。

此部分的建设具体包括以下内容：

（1）泵房控制系统。实现了提水泵和加压泵的自动启停、河道水位运行状态监测，同时还对蓄水池进行水位监测。

（2）远程测控。通过现代通信网络进行集中控制，实现远程启停、电量采集的分中心控制管理。当高位蓄水池的水位低于设定值时，提水泵自动开启，通过管道向高位蓄水池自动补水，当补水满足需求后自动停止。

（3）管网监测管理。通过监测安装在管道的压力传感器的压差值来判断是否需要对过滤器进行清理，以保证管网的高效稳定。

（4）灌溉用水量统计。通过管道水位传感器、流量传感器，实时监测水源水位动态情况以及灌溉用水使用情况，在水位值低于预定值时给予预警。水池的水位监测是通过压力水位传感器来实现的，与水处理装置、加压泵、电磁阀共同组成闭环控制系统。压力传感器、流量传感器通过监测管网的压力和流量来确保灌溉系统的安全运行。

2. 高位蓄水池—支管段—田间出水阀

在核心区代表性的地块建设自动控制站（闸阀井分站），实时监测各地块的灌溉水量、土壤墒情，控制电磁阀开启。每个控制站控制 5~6 个出水阀。

以数据采集终端为核心，实现灌溉水量、土壤墒情、控制电磁阀开启等实时信息的自动采集和远程传输。配置墒情传感器、流量传感器、压力传感器、电磁阀、通信终端、太阳能充电蓄电池电源系统、避雷器等设备。

10.1.5　设计依据

（1）《国家标准供配电系统设计规范》（GB 50052—2009）。

（2）《防雷与接地安装》合订本（D501—1~4）。

（3）《低压配电设计规范》（GB 50054—2011）。

（4）《综合布线系统工程设计规范》（GB 50311—2007）。

（5）《自动化仪表工程施工及验收规范》（GB 50093—2013）。

（6）《灌溉与排水工程设计规范》（GB 50288—99）。

（7）《电磁阀可靠性要求与考核方法》（JB/T 57209—1994）。

（8）《安全防范工程技术规范》（GB 50348—2004）。

（9）《电子计算机场地通用规范》（GB/T 2887—2011）。

（10）《报警图像信号有线传输装置》（GB/T 16677—1996）。

（11）《土壤墒情监测规范》（SL 324—2006）。

（12）《水利统计基础数据采集技术规范》（SL 620—2013）。

10.1.6 系统框架设计

根据管网布置图，系统总体框架如图 10.2 所示。

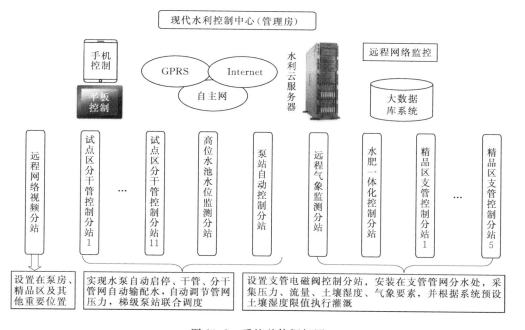

图 10.2 系统总体框架图

（1）现代水利控制中心（管理房）与现场远程通信中转模块通过 GPRS 实现无线数据传输及控制，负责对采集的数据进行存储和信息处理，为用户提供分析和决策依据，用户可随时随地通过电脑、手机、平板电脑等终端进行查询。

（2）远程网络视频分站通过射频短波以中转的方式对视频信号实现无线远程的数据采集与传输，实时监控作物长势情况，水泵运行情况，辅助园区日常管理工作。

（3）试点区干管控制分站安装在干管、分干管管网重要分水处，根据喷灌和滴灌要求的不同，分别安装电磁阀实行分片控制、分级管理。

（4）精品区支管控制分站安装在分支管、支管管网重要分水处，采集支管处流量、压力、土壤温度、土壤墒情、土壤养分等数据，并执行自动灌溉。

（5）泵房自动控制分站与高位水池分站协同实现水泵自动启停、管网自动输配水、管网压力自动调节。

（6）远程网络视频分站实时监控作物长势情况、水泵运行情况，同时辅助园区日常管理工作。

10.1.7　系统详细设计

1. 基于墒情监测的自动化灌溉控制系统

墒情监测与自动化灌溉控制系统包括土壤墒情监测、土壤肥料（养分）监测、灌溉自动控制等内容，试点区工程主要涉及特色茶产业、特色花卉、苗木等作物。根据适合作物的灌溉方式进行控制单元的布设。系统布设土壤养分传感器，在灌溉的同时进行施肥，实现作物的精确灌溉和精量施肥，融入模糊智能控制领域的先进理论，并进行应用示范，并向贵州省其他区域进行推广应用，在国内同行业处于技术领先地位。

现地控制单元以自动化灌溉控制系统为核心，可根据现场进行模块的配置及扩展。

太阳供电系统包括太阳能板、太阳能控制器、大容量蓄电池，在有光照的条件下，可实现为系统供电的同时，对蓄电池进行充电存储；在无光照的阴雨天气，蓄电池可连续为系统供电 25～30 天。

控制系统的核心部分全部集成在控制柜中，固定于 4m 镀锌立杆上。

从运行效果来看，系统具有集成度较高、扩展性能较强、运行稳定、操作简单方便等优点。

系统（田间）安装示意图和系统（田间）内部图如图 10.3 和图 10.4 所示。

图 10.3　系统安装示意图（田间）　　　　图 10.4　系统内部图（田间）

2. 自动化灌溉控制系统说明

（1）试点区工程现地控制单元根据 13 个大片区的控制终端，控制对应的电磁阀。供电方式采用绿色太阳能供电，节能、环保且高效。试点工程区域所有电源均采用 24V 安全电压，并具有良好的接地保护。

（2）监控管理级设在现代水利控制中心，灌溉区现场控制级安装在现场干管、分干管及支管处，均匀合理地分布于灌溉片区。灌溉区支管现场控制级组成如图 10.5 所示。

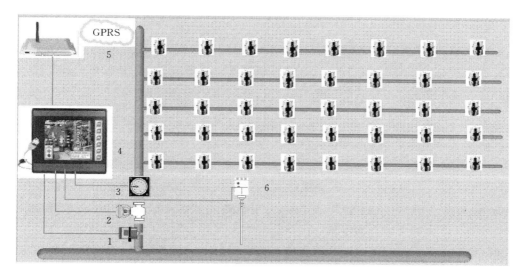

图 10.5　灌溉区支管现场控制级组成图
1—管道压力传感器；2—电磁阀；3—管道流量传感器；4—现场控制分站（显示屏+OCS控制器）；
5—GPRS通信模块；6—土壤墒情传感器

（3）精品区工程设置土壤墒情传感器，用于采集土壤墒情，并使之作为灌溉控制指标，存入控制系统数据库，通过模糊控制算法实现当前需水量与作物最佳需水量的比较，进而决策灌溉与否。

（4）试点区工程控制系统设置片区控制分站，主站设置于现代水利控制中心用于中心控制系统。高位水池泵站及蓄水池分站用于水池和泵站处的自动控制及测流和测压，实现水量的联合调度。

精品区和试点区田间电磁阀安装位置及数量见表 10.1 和表 10.2。

表 10.1　　　　　　　　　精品区田间电磁阀安装位置及数量

序号	地　点	电磁阀安装数量	序号	地　点	电磁阀安装数量
1	1号支管分水处	8	4	4号支管分水处	8
2	2号支管分水处	5	5	5号支管分水处	8
3	3号支管分水处	8	合　计		37

表 10.2　　　　　　　　　　　试点区田间电磁阀安装位置及数量

序号	地　　点	控制阀安装数量	序号	地　　点	控制阀安装数量
1	1 号分干管分水处	1	8	8 号分干管分水处	1
2	2 号分干管分水处	1	9	9 号分干管分水处	1
3	3 号分干管分水处	1	10	10 号分干管分水处	1
4	4 号分干管分水处	1	11	11 号分干管分水处	1
5	5 号分干管分水处	1	12	12 号分干管分水处	1
6	6 号分干管分水处	1	13	13 号分干管分水处	1
7	7 号分干管分水处	1	合　　计		13

3. 田间闸阀井控制分站安装位置

根据思南县现代化水利示范区管网平面布置，结合各水池的运行情况进行监控。监控点安装须考虑整体美观，各信息点监控杆可利用光缆架设电杆，监控点补光要可靠；监控摄像头成像清晰、旋转灵活、无视觉死角，正常光线下至少满足 250m 视距半径。

4. 水泵房水池自适应控制系统

水泵房控制级主要由分站、变频器、浮球液位开关（液位传感器）、水泵控制器、GPRS 等组成，同时水处理房安装电磁阀，综合完成水位自动检测、临界水位报警、水泵启停、水泵转速调节（调节进出水量），实现水泵根据水池水位变化自动启停、根据需水量的要求自动调节进出水量，进而达到水泵房的无人化及自动化管理。

高位水池的水位监测是通过液位传感器来实现的，与水处理、加压泵、电磁阀阵共同组成闭环控制系统。压力传感器、流量传感器通过监测管网的压力和流量来确保灌溉系统的安全运行。

控制算法采用 PID 控制与模糊控制算法结合，实现泵房、水池、水处理的自适应控制。水池液位控制系统原理如图 10.6 所示。水泵房控制级组成如图 10.7 所示。

具体来说，工程在分析给排水泵站能耗特点的基础上，对泵站各组成部分进行了数学描述，建立了调度任务的数学描述模型，并采用遗传算法结合泵站能耗分析和效率计

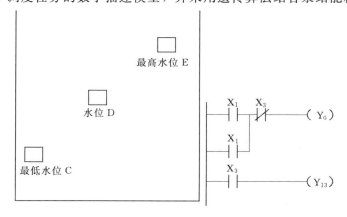

图 10.6　水池液位控制系统原理图

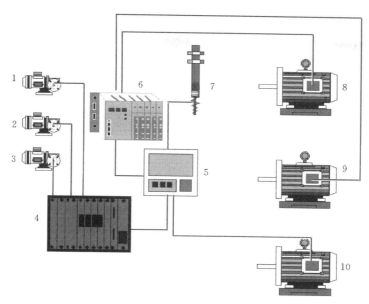

图 10.7 水泵房控制级组成图

1～3—水泵机组；4—水泵控制器；5—现场控制分站；6—变频器；7—浮球液位
开关传感器；8～10—真空泵

算对调度问题进行优化，从而通过调度的优化达到泵站运行节能的目的。

（1）数学模型的建立。为了确定泵站的最优运行方式，需要研究水泵、电机和变压器等设备的工作特性，从而根据工作条件，按各设备的性能找出各种设备运行方式的最优组合。

（2）调度目标和约束条件。根据泵站运行的不同要求，其优化调度的目标也不同，如泵站所在地的自然条件如气候、降雨和地形等不同。因此，泵站的优化调度目标有弃水量最小、能耗最小和国民经济效益最大等。

工程将以泵站机组总的功率消耗最小为目标，在满足各时段流量和扬程要求的前提条件下，要求泵的能耗最少。

（3）遗传算法的应用。为了解决优化调度问题，需要采取合适的优化算法。构造算法的目的是能够解决问题的所有实例而不单单是问题的一个实例。理论上，组合优化的最优解可以通过穷举的方法找到，但是在许多实际问题中可行解的数目是巨大的，人们称其为组合爆炸，一般的优化算法难以有效地解决组合优化问题。

5. 防雷设计

高位水池处于海拔较高位置，信号采集部分极易被雷电击毁，损坏仪器设备，影响系统性能发挥。系统设计时必须要做好防雷部分的设计，本方案采用 4 套球状型雷电接闪器，分布于高位水池的四周。球状型雷电接闪器是一条无感性、低阻抗的金属内导体引下线，把接闪后的雷电电流输送到大地，并使被保护的天线铁塔或建筑物不发生侧击和带电。在大多数的情况下，静电场电缆的冲击小于铁塔阻抗的 1/10，避免了建筑物或铁塔带电，消除闪络。球状型雷电接闪器最大特点是覆盖面积大、泄放雷电能力强。需提前在安装位置浇筑水泥基座，规格尺寸为 400mm×400mm×200mm（长×宽×高），并预埋地脚螺栓或膨胀螺丝。安装球形接闪器时，接闪器底座固定在预先设置的预制水泥基座，避雷针塔杆底座与水泥基座用地脚螺栓（或用膨胀螺丝）可靠联结。避雷针应该安装在杆塔、铁塔或其他建筑物上，接闪器的法兰盘必须高出最高保护物 1.4m 以上，根据这一要求设置加高杆塔或铁塔高度。雷雨日不可进行接闪器的安装和检测。接闪器接地线必须与接地棒可靠连接，接地线为黄绿色相间，采用 BVR-24mm^2 多股铜导线；定期检查（一年检查一次）接闪器各连接螺杆、焊接处是否牢固，接地引下线是否与接地系统连接可靠。如发现连接螺杆、焊接处被严重腐蚀，则须更换螺杆重新连接，在原焊接处重新焊接。

6. 远程视频监控系统

视频监控系统是灌溉自动化的重要组成部分。系统以实时监控数据库、地理空间数据库和音视频数据库为支撑，以互联网为载体，可直观地在联网计算机上实时监控辖区内视频监控点覆盖的水利设施及周边安全情况，实时监测灌区运行环境、设备运行状态，可提高工作效率。在供水及防汛抗旱时期，利用视频监控可以清晰地反映出监控水池的水位情况，操作人员可在监控中心监控任意本系统采集的各项视频信息，当出现警情时，可及时采取措施，为供水调度及防汛抗旱决策提供有力依据。

（1）系统拓扑结构。由于大部分视频监测点离监控中心较近，视频信息采集网络主要以无线网络为主。如视频监测点与中继站较远，则需使用中转进行无线通信传输。视频信息采集网络拓扑结构如图 10.8 所示。

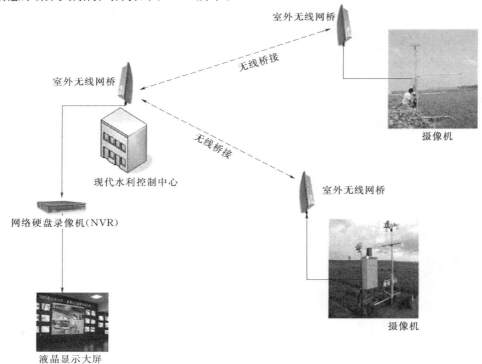

图 10.8   视频信息采集网络拓扑结构

（2）监控位置选择。根据思南县塘头关中坝现代水利工程自动化与信息化系统运行监控需要，主要是监控泵站、灌区、水肥一体化及现代水利控制中心的运行情况。监控点安装须考虑整体美观，各信息点监控杆可利用光缆架设电杆，监控点补光要可靠；监控摄像头成像清晰、旋转灵活、无视觉死角，正常光线下至少满足 250m 视距半径。视频监控安装位置见表 10.3。

表 10.3   视 频 监 控 安 装 位 置

序号	地 点	视频监控安装数量
1	泵房	1
2	灌溉区	1
3	水肥一体化	1
4	现代水利控制中心	1
合 计		4

（3）监控系统功能。监控前端主要由网络球形摄像机（由防护罩、摄像机、镜头、支架组成）等主要设备组成。它可将前端的模拟信号同步处理成高清晰的实时数字图像发布到网络中，实现多用户同时监控相同或者不同的现场图像，真正做到视频共享。

系统应满足以下功能。

1）远程图像传输。系统采用标准的 TCP/IP 协议，可应用在局域网、广域网和无线网络之中。系统提供 RJ-45 以太网接口，可直接接入无线网络、局域网交换机或者集线器（HUB）上。同时，设备可任意设置网关，完全支持跨网段、有路由器的远程视频监控环境。监控中心的授权用户可通过 IE 浏览器监控远程现场。

2）远程现场监控。监控用户可分配不同的控制权限，控制权限高的用户可优先对设备进行控制。如调节摄像机镜头改变监控范围和观察效果，还可以对指定的其他现场设备开关进行控制等。

通过局域网和广域网实时观察现场水情和大坝周边环境，用户不仅可以在水库本地浏览视频监控图像，也可以在其他各级防汛指挥部浏览视频监控图像。

同时，远程现场监控应具备自动、定时录像和抓图、回放动态图像等功能。

3）多画面监控。系统具有在同一客户终端上同时监控 4 路、8 路或者 16 路前端图像的功能。用户点击某一路图像时可放大实时监控。

4）多画面轮巡。监控用户可将监控现场在特定的时间间隔内按顺序轮流切换，也可在一个图像框内轮巡显示全部的摄像机画面。画面切换间隔时间可以灵活设置，画面间隔时间可以调节。

5）控制优先权机制。系统管理机制完善，可以给不同级别的用户分别分配相应的控制权限。

6）录像与回放。系统采用分布式存储管理技术，实现存储的层次化、网络化，具有计划、联动、手动等多种录像方式，录像检索和回放方便快捷。

7）并发视频直播。系统支持单播、组播、多播，且支持多画面远程实时监控，具有分组轮跳功能。

8）可扩展性。系统设计可以根据需要扩展视频监控点。

所有视频点均须独立供电，没有一个稳定的电源环境，视频监控系统就无法稳定运行，因此须保证可靠的供电。在本项目中，所有视频点全部使用市电供电。在条件允许的情况下，可额外提供太阳能方式供电，达到备用冗余的效果。

7. 水肥一体化系统

图 10.9 全自动灌溉施肥机外形图

水肥一体化系统以全自动灌溉施肥机为核心，其主要由电机水泵、施肥装置、混合装置、过滤装置、EC/pH 检测监控反馈装置、压差恒定装置、自动控制系统等组成，实现依据输入条件或从土壤墒情、蒸发量、降雨量和光照强度等传感器得到的数据，全自动智能调节和控制灌溉施肥。在施肥过程中，可对灌溉施肥程序进行选择设定，并根据设定好的程序对灌区作物进行自动定时定量地灌溉和施肥。

完美的自动灌溉施肥程序为满足作物精确的水分和营养需求提供了保证。全自动灌溉施肥机具有较广的灌溉流量和灌溉压力适应范围，能够充分满足温室、大棚等设施农业的灌溉施肥需要。全自动灌溉施肥机外形如图 10.9 所示。

自动施肥系统安装示意如图 10.10 所示。

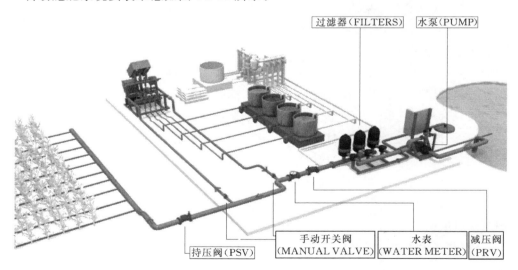

图 10.10 自动施肥系统安装示意图

（1）水肥一体化系统安装位置。水肥一体化系统安装位置见表 10.4。

表 10.4 水肥一体化系统安装位置

地 点	安 装 数 量
200 亩精品区首部	2

（2）全自动灌溉施肥机。全自动灌溉施肥机是一个设计独特、操作简单、模块化的自动灌溉施肥系统，它配以先进的 GL 计算机自动灌溉施肥可编程控制器和 EC/pH 检测监控反馈装置。可编程控制器中先进的灌溉施肥自动控制软件平台为用户实现专家级的灌溉施肥控制提供了一个最佳的手段。它能够按照用户在可编程控制器上设置的灌溉施肥程序和 EC/pH 控制，通过机器上的一套肥料泵直接、准确地把肥料养分注入灌溉水管中，连同灌溉水一起适时适量地施给作物。大大提高了水肥耦合效应和水肥利用效率。

（3）自动灌溉施肥机。主要由灌溉首部、自动控制装置及施肥系统组成。

1）灌溉首部主要包括以下部件：

a. 1 个水表阀。该水表阀是具有电子水表、缓闭逆止、压力调节及系统开闭 4 种功能的先进阀门。

b. 1 个压力调节阀。

c. 1 个保护水泵的高低压开关。

d. 1 个装于灌溉总阀之前用于喷雾系统的输出口。

e. 1 个 DN20 阀门。

f. 1 个具有两点选择开关的压力计。

g. 1 个塑料叠片式过滤器（0.125mm）。

h. 抗腐蚀的 PVC 管和各种配套装配件。

2）自动控制装置主要包括以下部件：

a. 安装在 EC/pH 采样检测单元中的 1 对国际工业标准的 EC/pH 测定电极。

b. EC/pH 检测监控反馈装置，包括输出信号为 $4\sim20\text{mA}$ 的信号转化器、电流绝缘装置、大型的液晶显示器和带有 4 个键的键盘。

c. 1 个 GL 可编程控制器，可从 GL 型系列可编程控制器中选择任意型号。

d. 1 个电控箱。

3）施肥系统主要包括以下部件：

a. 1 套文丘里肥料泵（最大 350L/h），肥料泵装置上包括电动控制肥料阀门、肥料流量调节器、聚乙烯管件。

b. 1 个专用电动水泵，用于通过旁通管维持文丘里肥料泵运行所需的水压差。

4）产品规格。

a. 电源。

（a）控制器电源：AC220V，$+10\%$，-15%；50Hz。

（b）施肥机电源：$3\times AC400V$，$\pm10\%$；50Hz。

b. 输入输出信号。

（a）输出：AC24V；1A。

（b）数字量输入：干接触开关。

（c）模拟量输入：4～20mA。

（d）通信端口：RS232 和 RS485。

c. 工作条件。

（a）温度条件：0～50℃。

（b）湿度条件：0～95％RH，不结露。

（c）供水压力：0.1～0.5MPa。

10.2　系统设备技术参数

10.2.1　灌溉系统控制器

西门子 S7-200 系列小型 PLC 可应用于各种自动化系统。紧凑的结构、低廉的成本以及功能强大的指令使得 S7-200 PLC 成为各种小型控制任务的理想解决方案。S7-200 产品的多样化以及基于 Windows 的编程工具，使用户能够更加灵活地完成自动化任务。S7-200 功能强，体积小，使用交流电源可在 85～225V 范围内变动，且机内还设有供输入用的 DC24V 电源。可编程序控制器（PC）在进行生产控制或实验时，都要求将用户程序的编码表送入 PC 的程序存储器，运行时 PC 根据检测到的输入信号和程序进行运算判断，然后通过输出电路去控制对象。所以典型的 PC 系统由输入输出接口、PC 主机、通信口三部分组成。

本设计选用的控制器的特点为：①可靠性高，抗干扰能力强；②硬件配套齐全，功能完善，适用性强；③易学易用，易于升级改造；④体积小，重量轻，能耗低。

控制器技术参数如下。

（1）外形尺寸：120.5mm×80mm×22mm。

（2）存储器：程序存储器 4092B；用户数据存储器 2520 字；存储器类型为 EEPROM；存储卡为 EEPROM；数据后备（超级电容）为 190h。

（3）编程语言：LAD、FBD 和 STL。

（4）程序组织：1 个组织块（可以包含子程序和中断程序）。

（5）系统 I/O：本机 I/O 为 14 入 10 出；数字量 I/O 映像区为 252（128 入 128 出）；数字量 I/O 物理区为 128（94 入 74 出）；模拟量 I/O 映像区为 32 入 32 出；模拟量 I/O 物理区为 35（或 28、7）入 14 出。

（6）附加功能：6 个内置高速计数器（30kHz）。

（7）2 个内置模拟电位器；2 个脉冲高速输出（20kHz）。

（8）通信中断：1 个发送器，2 个接收器。

（9）定时中断：2 个（1～255ms）。

（10）输入中断：4 个实时时钟内置。

（11）口令保护：3 级口令保护。

（12）为传感器提供 DC5V 电流：220mA。

控制器外形如图 10.11 所示。

图 10.11　控制器外形图

10.2.2　土壤墒情传感器

土壤墒情的测定对农业、林业、地质、建筑等行业具有重要意义。水分是决定土壤介电常数的主要因素，测量土壤的介电常数，能直接稳定地反应各种土壤的真实水分含量，与土壤本身的机理无关，是目前国际上最流行的土壤墒情测量方法。PH－TS 土壤墒情传感器是一款高精度、高灵敏度的测量土壤墒情的传感器。其性能指标见表 10.5。

表 10.5　PH－TS 土壤墒情传感器性能指标

类　　别	指　　标
测量参数	土壤容积含水量
单位	％（m³/m³）
量程	0～100％
精度	0～50％范围内为±2％
分辨率	0.1％
测量区域	90％的影响在直径为 3cm、高为 2cm 的围绕中央探针的圆柱体内
稳定时间	通电后约 1s
响应时间	响应在 1s 内进入稳态过程
工作电压	电流输出为 DC12～24V，电压输出为 DC5V
工作电流	50～70mA，典型值 50mA
输出形式	DC0～2.5V
密封材料	ABS 工程塑料
电缆长度	标准长度 4m
遥测距离	小于 1000m

10.2.3　管道流量计

应选用精度高的管道流量计，无需调整即可测流量，具有永久和可重置的累计量，同时具有 4～20mA 标准电流信号输出、脉冲输出、继电器输出和 RS‐485 通信可供选择。其参数见表 10.6。

表 10.6　　　　　　　　　　　管 道 流 量 计 参 数 表

类别	指　标	类别	指　标
流速范围	0～2m/s	显示	LCD 数字显示
测量口径	DN15～DN300	功耗	3～4W
键盘	无	电源	AC12～24V，最大电流 1A
外壳材质	铝合金	防护等级	IP27
工作温度	−10～50℃	电源电缆长度	3m
准确度	±1.5%FS		

10.2.4　电磁阀

电磁阀是系统的关键执行元件，其性能的优劣直接影响到系统的稳定性。根据实际使用要求、管网铺设线路的不同以及成本等方面的综合考虑，系统中可供替换的低压脉冲电磁阀规格见表 10.7。其实物如图 10.12 所示。

表 10.7　　　　　　　　　　　低压脉冲电磁阀规格表

类　别	指　标	类　别	指　标
使用介质	液态水等适合于该产品工作的液体	过滤功能	可拆卸清洗过滤装置
介质温度	1～88℃	止回功能	有
连接方式	外螺纹、内螺纹	动作特征	20 万次后无异常
电磁阀材质	阀体部分为塑料，接头为铜材	可选电源	DC 24V
使用电压范围	额定电压±10%		

10.2.5　压力传感器

压力传感器采用 GPRS 无线传输微压力传感器，其主要参数有：①量程为 −100kPa～−1kPa；②综合分辨率为 0.00000～999999；③输出信号为 MPa、kPa、kg、psi、bar、kg；④供电电压为 DC5～24V；⑤介质温度为 −20～85℃；⑥环境温度为 −20～85℃；⑦负载电阻，电流输出型的电阻最大为 800Ω；电压输出型的电阻大于 50kΩ；绝缘电阻，大于 2000MΩ（DC100V）；⑧防护等级为 IP25；⑨长期稳定性能为 0.1%FS/年；⑩振动影响，在机械振动频率 20～1000Hz 内，输出变化小于 0.1%FS；⑪电气接口（信号接口），高性能防水接头；⑫机械连接（螺纹接口），1/2‐20UNF、M14×1.5、M20×1.5、M22×1.5 等，其他螺纹可依据客户要求设计。管道压力传感器外形如图 10.13 所示。

图 10.12 低压脉冲电磁阀实物图   图 10.13 管道压力传感器外形图

10.2.6 太阳能供电

太阳能供电模块主要负责对整套灌溉控制系统田间采集控制部分提供电能,保证系统能正常运行。各节点太阳能供电模块分别由太阳能电池板、太阳能充电控制器以及蓄电池三部分组成。太阳能电池板负责将太阳能转换为电能,太阳能充电控制器负责控制将太阳能转换的电能保存到蓄电池中的过程。

控制系统由控制器和无线串口数据收发模块等组成。整套系统供电电压为 24V。考虑到电能安全因素等问题,如电路中的直流变化等过程均存在电源转换效率的问题,而标准的太阳能蓄电池的电压为 12V,因此采用 12V 变 24V 的变压器对系统进行供电。

1. 太阳能电池板

以贵州省为例,考虑到贵州地区雨水天气居多,因此假定最长连续阴雨天数为 20 天,而连续有阳光的天数只为 10 天,且在有光照的天数内平均日照小时数约为 4.5h。通过计算得到上位机(现代水利控制中心)负载功率为 100W。

单晶硅太阳能电池虽然对太阳能的转换效率较高,但价格也相对较高。设计中考虑到稳定性等要素,选择单晶硅太阳能电池板,将太阳辐射能源直接转换成直流电能,经由控制器存储于蓄电池内储能备用,供负载使用。在标准光照(AM1.5,1000W/m²)辐照度,25℃的环境温度下,太阳能电池板参数见表 10.8。太阳能电池板外形如图 10.14 所示。

表 10.8   太 阳 能 电 池 板 参 数

类　　别	指　　标	类　　别	指　　标
型　　号	单晶 100W	短路电流	2.9A
电池元件类型	单晶	开路电压	21.2V
峰值功率	30Wp	最大系统电压	750V
峰值电压	17.2V	重量	3.2kg
峰值电流	2.7A	尺寸	425mm×590mm×30mm

2. 蓄电池的选择

蓄电池容量（B_c）的确定公式为

$$B_c = \frac{AQD_1D}{C} \tag{10.1}$$

式中　A——蓄电池安全系数，在 1.1～1.5 之间，取 $A=1.2$；

　　　Q——负载平均每日耗电量，即工作电流乘以日工作小时数，即 $Q=0.4\times8=3.2\text{Ah}$；

　　　D_1——最长连续阴雨天数，取 $D=25$ 天；

　　　D——修正系数。一般工作环境在 0℃ 以上时取 $D=1$；$-10\sim0℃$ 时取 $D=1.1$；$-10℃$ 以下时取 $D=1.2$；

　　　C——蓄电池放电深度，全密闭免维护铅酸蓄电池取 $C=0.8$，碱性镍镉蓄电池取 $C=0.85$，本次计算取 $C=0.8$。

经计算得 $B_c=120\text{Ah}$。

考虑到使用太阳能的特点及系统的工作重要性，设计中采用全密闭免维护铅酸蓄电池（120Ah，12V）。全密闭免维护铅酸蓄电池外形如图 10.15 所示。

图 10.14　太阳能电池板外形图　　图 10.15　全密闭免维护铅酸蓄电池外形图

3. 充电控制器

太阳能充电控制器原理如图 10.16 所示，可以看出整套太阳能系统由微电脑控制

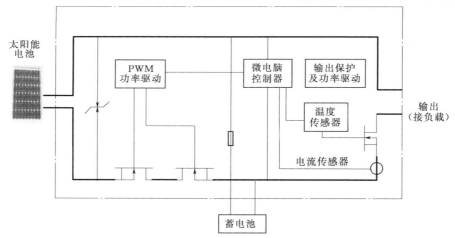

图 10.16　太阳能充电控制器原理图

器、温度传感器、电流传感器、PWM功率驱动、输出保护及功率驱动以及一些场效应晶体管组成。

通过计算，选择美宝龙公司生产的型号为 CY-B1 控制器。具体参数见表 10.9，因为所选太阳能电池板充电电流为 2.7A，所选的控制器能够满足要求。

表 10.9 太阳能充电控制器参数

类　别	指　标	类　别	指　标
型　号	CY-B1	最大充电电流	5A
工作电压	12V	最大负载电流	5A

该套太阳能充电控制系统在开始工作后，首先会进入硬件初始化部分，即关闭所有输出（晶体管断开），关闭充电回路，并点亮电路中的指示灯和数码管，最后转到工作程序中。其中各个指示灯状态说明如下所述：

（1）SC 灯是太阳能充电指示灯。当其处于熄灭状态时，表明系统处于阳光不充足状态或者系统未接入太阳能电池板。这时系统默认关闭充电电路。当 SC 灯处于点亮状态时，表明电路中接入了太阳能电池板，且阳光充足，蓄电池处于未饱和状态，充电进行。若 SC 灯一直闪烁则表明蓄电池已充满电，微控制器默认关闭充电电路。

（2）BS 灯是蓄电池状态指示灯。若处于红色点亮状态时，表明蓄电池电量低。若继续供电，会逐渐过渡到红色闪烁状态，此时表明蓄电池处于低压状态，此时微控制器将默认关闭负载电路。若为橙色，则表明蓄电池正处充电时，此时能保证启动负载电路。若为绿色点亮状态，则表明蓄电池处于电量充足阶段。当绿色灯处于闪烁状态时，微控制器将强制关闭充电电路。

（3）LS 灯是负载工作状态指示灯。当 LS 灯熄灭时，表明负载未启动；当 LS 灯点亮时，表明负载处于工作状态；当 LS 灯处于慢闪状态时，表明电路电流过大，此时若继续发展一段时间后将进入电路保护状态。当 LS 灯为快闪显示时，表明控制系统保护状态已经启动，并且微控制器能够在一段时间后对电路电流进行检测，若电路电流故障已经排除，则恢复到相应的工作状态。太阳能充电控制器模式说明见表 10.10。

表 10.10 太阳能充电控制器模式说明

模式代码	工作模式	模式代码	工作模式
0	纯充电器模式（光控开＋光控关）	9	光控开＋延时 9h 关
1	光控开＋延时 1h 关	10	光控开＋延时 10h 关
2	光控开＋延时 2h 关	11	光控开＋延时 11h 关
3	光控开＋延时 3h 关	12	光控开＋延时 12h 关
4	光控开＋延时 4h 关	13	光控开＋延时 13h 关
5	光控开＋延时 5h 关	H 或 H.	手控模式，小数点表示负载启动
6	光控开＋延时 2h 关	C	通用控制器模式
7	光控开＋延时 7h 关	L	调试模式
8	光控开＋延时 8h 关		

10.2.7   无线通信模块

电脑只需能上网即可通过无线通信模块远程读写 PLC 变量。无线通信模块支持手机网页远程监控 PLC,同时支持用手机短信读写 PLC 全部寄存器,实现短信报警和短信远程控制。本系统采用 GRM200G 智能 GPRS 无线控制终端。GRM200G 自带数字输入和模拟量输入,可以取代 PLC 系统的模拟量扩展模块,降低系统成本。若被监控设备出现故障,GRM200G 自动发送报警短信到值班人员手机,并在电脑上显示报警。值

图 10.17   GRM200G 外形图

班人员可发送手机短信或在电脑上控制 GRM200G,实现设备启停、参数设置、故障复位等。GRM200G 可定时发送设备信息到值班人员手机。同时,工作人员可以打电话控制设备,GRM200G 一端不必接听就可以完成控制,无需手机通话费。GRM200G 也支持市电断电报警,在停电时发送报警短信。GRM200G 外形如图 10.17 所示。

10.3   监控中心管理系统

10.3.1   监控中心建设

由于泵站和阀门控制以及系统报警需要一定的时效性,所以信息化系统平台软件采用 C/S 结构并利用 TCP/IP 协议进行数据交换。平台软件由数据库、中心组态软件、服务端软件和客户端软件构成。其中,数据库、服务端软件安装于监控中心服务器用于向客户端提供数据和控制服务。客户端软件安装于监控中心客户操作计算机上供用户对信息化系统进行管理。计算机网络系统示意如图 10.18 所示。

中心信息平台是整个系统的核心部分,所有子系统的数据全部汇集到平台上进行处理、展示。

1. 平台组成

中心设备主要组成部分包括五联操作台、1 台服务器(可选配)、1 台交换机、1 台工控机、1 套大屏幕显示系统、1 台平板电脑、1 套灌溉系统监控软件。

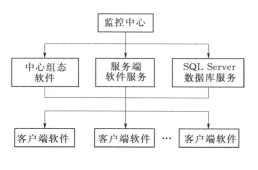

图 10.18   计算机网络系统示意图

2．主要功能

（1）基础数据的采集和录入。基础数据的采集和录入工作主要包括项目区各子系统的数据、图像、灌溉面积、控制面积、设备信息、种植作物信息、种植模式信息、统计查询等，该工作由管理人员负责采集录入。

（2）统计数据上报。统计数据主要以月、季和年度为时间基点上报各节水灌溉系统的宏观运行情况，如阶段性耗水量、耗电量、作物长势和收成情况等。

（3）中心运行及能效数据的自动采集。通过分中心运行和能效监测系统对各系统用水量、系统能效（电压、电流、功耗、压力、流量）数据进行实时采集、统计和查询。

（4）灌溉实时数据采集、统计和查询。通过田间灌溉自动化系统对各棚内灌溉系统、田间阀门状态、每个阀门开启时间或流经水量进行实时自动采集、统计查询。

（5）田间信息实时采集、统计和查询。通过田间信息采集器对田间气象和土壤墒情信息进行实时自动采集、统计和查询。

（6）灌溉系统的监控。灌溉系统的监控主要包括远程监控河道提水系统运行状态、分析运行数据、远程操作加压泵和田间灌溉电磁阀门以及终止灌溉系统工作。

（7）自动化灌溉管理。通过制订及调整轮灌计划，下发给各系统灌溉控制器，作为系统轮灌计划的依据，确保农业生产高效进行。

10.3.2 系统总体架构

系统采用四层体系结构，以下将对各层进行详细介绍。

1．表示层

表示层表示呈现给用户的最终表现形式。本系统采用 Web 浏览器的方式表现在用户面前。用户可以通过浏览器对不同的中心站按权限进行访问。

表示层的开发采用了 Java 技术，提供了更强的安全性和更好的显示效果，并保证了系统的跨平台可移植性。

表示层只负责对数据层中的数据进行分析之后呈现给用户，用户可以根据自己的实际需求，按照规定的接口格式，开发符合自己需要的界面表现形式。

2．应用层

应用层包括应用服务平台和应用系统，其中应用服务平台是系统的中间逻辑层，为整个系统提供各种方法，主要包括信息共享服务中间件、空间信息服务中间件以及业务处理服务中间件等。应用系统是基于 GIS 的灌溉管理及决策支持系统，直接面向用户，结合所需信息和管理职能，有针对性地进行设计。

3．数据层

数据层的主要作用是将所有的原始数据和经过分析加工后的数据进行数据库保存，它综合存储业务管理涉及的实时数据、基础数据、业务数据、决策支持数据，是整个系统的数据中心。

4. 数据采集层

数据采集层主要包括信息采集系统、信息传输系统、数据存储与管理系统。其中信息采集系统利用先进的设备和技术实现对引水、用水、水环境土壤墒情等信息的自动化采集以及对关键闸站的远程自动化控制，为灌区管理和决策提供各种必要的基础信息和控制手段。

10.3.3　系统软件

监控中心主站 PC 软件能综合查看并动态显示各控制级（灌溉区现场控制级和水泵房控制级）的流量、压力、pH 值、风速、土壤墒情、空气湿度、温度、辐射、高位水池水位等实时数据。系统具备灌溉阀门开度调节、压力调节及报警等功能，其中灌溉阀门开度的大小根据灌溉量（湿度差）与时间自动计算得到。

监控中心主站 PC 机软件采用集成开发环境自主开发，具有国家版权局计算机软件登记证书，并具有单位标识、标志。除主站 PC 机显示监控组态画面外，还采用 4 块55in 屏幕进行 2×2 拼接同步显示监控组态画面，便于观测，达到界面友好、人性化的目的。同时，监控管理级中的主站 PC 机用于数据的监测，IBM 服务器用于批量数据的交换，Internet 和网关完成各级之间的通信与远程监控。

监控管理级具备数据库功能，根据植物种类、生育阶段及生长区域等作物灌溉规律建立专家数据库，形成专家系统。根据植物种类及生育阶段等作物灌溉规律严格执行灌溉。

监控管理级具有中央控制、灌溉区现场控制级、水泵房控制级以及点控、群控切换功能。当选择现场级点控模式时，监控管理级失去控制作用，仅具有数据采集传输功能，转为灌溉区现场控制级、水泵房控制级自动控制；当选择监控管理级中央控制（点控、群控）时，灌溉区现场控制级、水泵房控制级失去自动控制作用，接受监控管理级控制。

监控管理级具有压力、土壤墒情、液位高度等超限报警功能，具有限值预设、权限更改等功能。

监控管理级和现地控制级之间采用 GPRS 无线通信方式进行通信。当监控管理级接入 Internet 时，可实现基于网络的远程监控和管理。现地控制级的分站和扩展模块、传感器和电磁阀之间采用有线方式通信。现地控制级之间可以以自组网的方式进行有线或无线的方式通信，所有线缆采用护线管与输水管网一起埋设。

10.3.4　系统性能指标

（1）系统完成后，除服务于示范园区日常的管理运行外，还可用于开展常规水利科研的试验，如作物灌溉试验、灌溉水利用系数的自动测算试验等。

（2）随机选取不同灌溉区现地控制级湿度变化 30% 所需时间、趋势（变化率由大到小、瞬态和稳态响应时间、湿度、改变湿度时间、仪表显示、人机界面同步显示相关内容)。

（3）能按预设的要求定时、定量地进行灌溉。并能显示现地的实时数据和查看历史数据和趋势，并据此设置报警和控制的上下限值和绘制趋势图。

（4）远程视频监控能反映出作物的生长阶段、状况及园区关键区域、设备的运行情况，辅助园区的中心管理工作。

（5）系统综合完成水位自动检测、临界水位报警、水泵自动启停、自动调节水泵转速（进出水量），实现水泵根据水池水位变化自动启停，根据需水量的要求自动调节进出水量，进而达到水泵房的无人化及自动化的目标。

（6）灌溉控制算法采用模糊控制算法，系统集成作物需水规律数据库、作物施肥配方数据库、灌溉管网输配水数据库，形成专家系统，优化系统运行使用性能，科学指导农业生产，达到节水节肥，减小环境污染等目的。

管理房中心管理实时画面如图 10.19 所示。

图 10.19　管理房中心管理实时画面

10.4　自动化与信息化系统概算

10.4.1　编制原则和概算依据

按照"性能可靠、经济实用"的原则配置试点区信息化系统建设内容，并依据下列规范编制工程项目投资概算：

（1）《工程勘察设计收费管理规定》。

（2）《通信建设工程概算、预算编制办法》及相关定额的通知（工信部规〔2008〕75 号）。

（3）工业和信息化部办公厅《电子建设工程概（预）算编制办法及计价依据》（HYD41—2005）和《电子建设工程预算定额》（HYD41—2005）。

（4）《水利建设工程概算定额》（水总〔2002〕116 号）、《水利工程施工机械台时费定额》及《水利工程设计概（估）算编制规定》。

（5）《水利信息系统运行维护定额（试行）》。

（6）《水利工程概算补充定额（水文设施工程专项）》（试行）。

（7）其他有关规定及各专业提供的设计图纸。

10.4.2　投资概算

预算按照市场价进行计算，详见附录《思南县塘头山区现代水利自动化与信息化工程量清单》。计划水利自动化与信息化工程实施面积为 1200 亩，其中精品区 200 亩。工程主要花销以下几部分：

（1）1000 亩试点区。

1）13 个闸阀井分站控制 13 个大电磁阀（太阳能部分、控制通信部分、执行部分及管线部分）。

2）泵房水池水处理（太阳能部分、控制通信部分、执行及管线部分）。

（2）200 亩精品区。

1）5 个闸阀井分站控制 37 个电磁阀（太阳能部分、控制通信部分、执行部分及管线部分）。

2）视频监控（硬件部分、监控部分）。

3）气象站（太阳能部分、采集部分、通信部分）以及建设安装等费用。

4）2 套滴灌和喷灌水肥一体化系统（施肥罐部分、施肥机部分、水肥过滤部分）。

5）现代水利控制中心部分。

6）辅材。

7）培训。

附录 思南县山区现代水利自动化与信息化工程量清单

编号	名 称		规 格	单位	数量	备注
(一) 200 亩精品展示区（37 块）						
1	控制柜（含背板、空开等）		定制，不锈钢	个	5	
2	控制通信部分	无线通信模块	GPRS，8AI，4DO，支持 PPI 协议，DC24V	个	5	
		通信卡	中国移动流量卡	个	5	
		控制器	8AI，4DO，支持 MODBUS 协议，DC24V	个	5	
		开关电源	AC220V 转 DC24V，50W	个	25	
		继电器	线圈 DC24V	个	39	
3	执行部分	土壤湿度传感器	4～20mA，0～100%，DC24V	套	5	
		超声波流量计	RS485，支持 MODBUS 协议，4～20mA，DC24V	台	37	
		电磁阀（配 DN90 PE 管）	DN80，自保持，DC24V，介质为水，0.1MPa	台	37	
		PE 法兰头	DN80	个	74	
		法兰片（配螺丝垫片）	DN80	套	74	
		电磁阀（配 DN160 PE 管）	DN150，自保持，DC24V，介质：水，0.1MPa	台	2	
		PE 法兰头	DN150	个	4	
		法兰片（配螺丝垫片）	DN150	套	4	
		压力传感器	0～1MP，4～20mA，防水型，DC24V	个	5	
4	管线部分	电源线缆	单芯 1.5mm²	m	15000	
		信号线缆	2×1.0mm²，RVVP	m	1500	
		PE 线管	DN50	m	2000	
		PE 等径三通	DN50	个	40	
		PE 弯头	DN50	个	10	
(二) 1200 亩项目区						
1	控制柜（含背板、空开等）		定制，不锈钢	个	13	
2	控制通信部分	无线通信模块	GPRS，8AI，4DO，支持 MODBUS 协议，DC24V	个	13	
		通信卡	中国移动流量卡	个	13	
		控制器	8AI，4DO，支持 MODBUS 协议，DC24V	个	13	
		开关电源	AC220V 转 DC24V，50W	个	13	
		继电器	线圈 DC24V	个	26	

续表

编号	名　称		规　格	单位	数量	备注
3	执行部分	超声波流量计	RS485，支持 MODBUS 协议，4～20mA，DC24V	台	13	
		微功耗电磁阀（配 DN315 PE 管）	DN300，自保持，DC24V，介质为水，0.1MPa	台	3	
		PE 法兰头	DN300	个	6	
		法兰片（配螺丝垫片）	DN300	套	6	
		微功耗电磁阀（配 DN225 PE 管）	DN200，自保持，DC24V，介质为水，0.1MPa	台	1	
		PE 法兰头	DN200	个	2	
		法兰片（配螺丝垫片）	DN200	套	2	
		微功耗电磁阀（配 DN160 PE 管）	DN150，自保持，DC24V，介质为水，0.1MPa	台	7	
		PE 法兰头	DN150	个	14	
		法兰片（配螺丝垫片）	DN150	套	14	
		微功耗电磁阀（配 DN110 PE 管）	DN100，自保持，DC24V，介质为水，0.1MPa	台	2	
		PE 法兰头	DN100	个	14	
		法兰片（配螺丝垫片）	DN100	套	14	
		压力传感器	0～1MPa，4～20mA，DC24V，防水	个	13	
4	管线部分	电源线缆	2×1.0mm²，RVV	m	300	
		信号线缆	2×1.0mm²，RVVP	m	300	
		护线管		m	300	
5	太阳能供电部分	蓄电池	120Ah，12V	个	13	
		蓄电池地埋箱		个	13	
		太阳能板	100W，12V	个	13	
		充电控制器		个	13	
		镀锌标准 4m 立杆及支架	定制	个	13	
		变压器	12V 变 24V	个	13	
		控制箱	定制	个	13	
		简易防雷	定制	套	13	
（三）气象站						
1	太阳能供电部分	蓄电池	120Ah，12V	个	1	
		蓄电池地埋箱		个	1	
		太阳能板	100W	个	1	
		充电控制器	12/24 自适用	个	1	

续表

编号		名 称	规 格	单位	数量	备注
1	太阳能供电部分	镀锌标准 4m 立杆及支架	定制	个	1	
		变压器	12V 变 24V	个	1	
		控制箱	定制，不锈钢	个	1	
		简易防雷	定制	套	1	
2	采集部分	雨量传感器	0～4mm/min，4～20mA，DC24V	个	1	
		风向传感器	0°～360°，4～20mA，DC24V	个	1	
		风速传感器	0～45m/min，4～20mA，DC24V	个	1	
		空气土壤温湿度传感器	温度－20～50℃，土壤湿度 0～100％，4～20mA，DC24V	个	1	
3	通信部分	无线通信模块	GPRS，8AI，4DO，支持 MODBUS 协议，DC24V	个	1	
		通信卡	中国移动流量卡	个	1	
4	管线部分	电源线缆	2×1.0mm²，RVV	m	30	
		信号线缆	2×1.0mm²，RVVP	m	30	
		护线管		m	30	

（四）高位水池

编号		名 称	规 格	单位	数量	备注
1	太阳能供电部分	蓄电池	120Ah，12V	个	1	
		蓄电池地埋箱		个	1	
		太阳能板	100W，12V	个	1	
		充电控制器		个	1	
		镀锌标准 4m 立杆及支架	定制	个	1	
		变压器	12V 变 24V	个	1	
		控制箱	定制，不锈钢	个	1	
2	采集部分	液位传感器	量程 0～10m，4～20mA，DC24V	个	1	
3	通信部分	无线通信模块	GPRS，8AI，4DO，支持 MODBUS 协议，DC24V	个	1	
		通信卡	中国移动流量卡	个	1	
4	简易防雷		定制	个	1	
5	管线部分	电源线缆	2×1.0mm²，RVV	m	30	
		信号线缆	2×1.0mm²，RVVP	m	30	
		护线管		m	30	

（五）泵房

编号		名 称	规 格	单位	数量	备注
1		控制柜（含背板、空开）	定制，不锈钢	个	1	
2	控制通信部分	无线通信模块	GPRS，8AI，4DO，支持 MODBUS 协议，DC24V	个	1	
		通信卡	中国移动	个	1	

续表

编号		名 称	规 格	单位	数量	备注
2	控制通信部分	控制器	8AI，4DO，支持 MODBUS 协议，DC24V	个	1	
		开关电源	AC220V 转 DC24V，50W	个	1	
		继电器	线圈 DC24V	个	6	
3	传感执行部分	压力传感器	0～1MPa，4～20mA	个	1	
4	管线部分	电源线缆	2×1.0mm²，RVV	m	30	
		信号线缆	2×1.0mm²，RVVP	m	30	
		护线管		m	30	

（六）视频部分

编号		名 称	规 格	单位	数量	备注
1	硬件部分	数字红外高速智能球	一体化快球摄像机，23X.高清，数字信号，6寸高清（200万像素）	台	4	灌溉区、气象站
		半球 SDI 摄像机	高清（200万像素）红外防爆半球数字摄像	台	2	泵房、现代水利控制中心
		高性能无线发射网桥	可视距离约 6km，要求传输稳定，抗干扰效果好	台	6	
		高性能无线接收网桥	1 对 2，可视距离约 6km，要求传输稳定，抗干扰效果好	台	3	
		网络防雷器	雷击或其他电涌保护，可长期稳定工作	台	6	
		华为网络交换机	H3C SOHO－S5016P－CN，高速	台	1	
		存储硬盘	希捷（Seagate）4TB ST4000DM000，7200 转，64MB，SATA，6GB/s	台	2	
		硬盘录像机	视频输入为 16 路，BNC 接口，视频输出为 1路，BNC 接口，音频输入为 4 路，RCA 接口，音频输出为 1 路，RCA 接口，其他接口为 RS485、RJ－45、2 个 USB2.0，电源电压为 DC12V，电源功率不大于 20W	台	1	
		配件及线缆	电源、网线	批	1	
2	太阳能供电部分	蓄电池	120Ah，12V	个	4	
		蓄电池地埋箱		个	4	
		太阳能板	100W，12V	个	4	
		充电控制器		个	4	
		镀锌标准 4m 立杆及支架	定制，镀锌含支架	个	9	
		变压器	12V 变 24V	个	4	
		控制箱	定制	个	4	
		简易防雷		套	4	

续表

编号	名　称		规　格	单位	数量	备注
（七）水肥一体化系统						
1	施肥机		控制器电源：AC220V＋10％，－15％；50Hz	套	2	
			施肥机电源：3×AC220V±10％；50Hz			
			输入输出信号：输出：AC24V，1A			
			数字量输入：干接触开关			
			模拟量输入：4～20mA			
			通信端口：RS232，RS485			
			工作条件：温度条件为0～50℃；土壤湿度条件为0～95％RH，不结露；供水压力为1～5Bar			
			最大施肥：350L/h			
2	控制柜（含背板、空开）		定制，不锈钢	个	1	
3	控制通信部分	无线通信模块	GPRS，8AI，4DO，支持MODBUS协议，DC24V	个	1	
		通信卡	中国移动	个	1	
		控制器	8AI，4DO，支持MODBUS协议，DC24V	个	1	
		开关电源	24V，150W	个	1	
		继电器	24V，8脚	个	6	
（八）现代水利控制中心						
	控制台（五联）		定制	台	1	
	服务器		IBM	台	1	
	工控机		研华PC-610	台	1	
	视频采集卡		PCI-E接口，支持1080P的高清视频采集1个HDMI接口（可转接DVI）支持多种视频格式（480i、576i、480p、576p、720p、1080i、1080p、PAL/NTSC等）	台	1	
	平板电脑		64GB，WIFI，WIN XP以上	台	1	
	无线网卡		电信，华为	个	1	
	组态和数据库软件		组态王6.55	套	1	
	拼接大屏幕（4块55in）		1080P	台	4	
（九）辅材（线材套管等）			临时购买			
（十）培训（3人/年次）			每年进行技术培训3次，每次2天，按照高级职称1人，其他技术2人，培训费高级800元/（人·天），其他500元/（人·天）；差旅费2000元/次	人	3	

参 考 文 献

［1］ 陈林星. 无线传感器网络技术与应用［M］. 北京：电子工业出版社，2007.

［2］ 王殊，阎毓杰，胡富平，屈晓旭. 无线传感器网络的理论与应用［M］. 北京：北京航空航天大学出版社，2007.

［3］ 戚艳艳. 基于 Labview 的水肥耦合灌溉控制系统的研究［D］. 武汉：华中农业大学，2016.

［4］ 广州友善文臂计算机科技有限公司. Mini2440 用户手册［EB/OL］.［2010 - 9 - 25］. http：//down/oad. csdn. net/down/oad/snak _ baby/4013795.

［5］ 吕治安. ZigBee 网络原理与应用开发［M］. 北京：北京航空航天大学出版社，2008.

［6］ 孙雨耕，张静，孙永进. 无线自组传感器网络［J］. 通讯学报，2004，25（4）：114 - 124.

［7］ 李建中，李金宝. 传感器网络及其数据管理的概念、问题与进展［J］. 软件学报，2003，14（10）：1717 - 1727.

［8］ 李善仓，张克旺. 无线传感器网络原理与应用［M］. 北京：机械工业出版社，2008：90 - 120.

［9］ 任丰原，黄海宁，林闯. 无线传感器网络［J］. 软件学报，2003，14（7）：1288 - 1291.

［10］ 孙利民. 无线传感器网络［M］. 北京：清华大学出版社，2005.

［11］ 王林，王晓鹏. 改进的无线传感器网络中多维定标定位算法［J］. 计算机工程与应用，2011，47（27）：1 - 4.

［12］ J POLASTRE，J HILL，D CULLER. Versatile Lower Media Access for Wireless Sensor Networks［C］. ACM SenSys' 04. Nov. 2004，Maryland，USA.

［13］ Van Dam T，Langendoen K. An adaptive energy - efficient MAC protocol for wireless sensor networks［C］. Proceedings of the 1st ACM Conference on Embedded Networked Sensor Systems. Los Angeles，2003.

［14］ V Rajendran，K Obraczka. Energy - Efficient，Collision - Free Medium Access Control for Wireless Sensor Networks［C］. Proceedings of the 1st ACM Conference on Embedded Networked Sensor Systems. SenSys. 2003.

［15］ I Rhee，A Warrier，M AIA，J MIN. Z - MAC：A Hybrid MAC for Wireless Sensor Networks［C］. Proceedings of the 3rd ACM Conference on Embedded Networked Sensor Systems（SenSys 2005），2005.

［16］ A Barroso，U Roedig，C Sreenan. μ - MAC：An Energy - Efficient Medium Access Control for Wireless Sensor Networks［C］. Proceedings of European Workshop on Wireless Sensor Networks 2005，2005.

［17］ 于宏毅，李鸥，张效义. 无线传感器网络理论、技术与实现［M］. 北京：国防工业出版社，2008.

［18］ Shu Du，Amit Kumar Saha，David B Johnson. RMAC：A Rouint - Enhanced Duty - Cycle MAC Protocol for Wireless Sensor NetWorks［C］. Proceedings of the 5th Intenational Conference on Anchorage，AK，USA：IEEE，2007.

［19］ 于斌，孙斌，温暖，王绘丽，陈江锋. NS2 与网络模拟［M］. 北京：人民邮电出版社，2007.

［20］ 尚凤军. 无线传感器网络通信协议［M］. 北京：电子工业出版社，2011.

［21］ KUMARS，LAITH，ARORA A. Barrier coverage with wireless sensors［A］. Proc of the 11th

Annual Interbational Conference on Mobile Computing and Networking [C]. New York：Association for Computing Machinery，2005：284 - 298.

[22] LIU B Y，DOUSSEO，WANG J，et al. Strong barrier coverage of wireless sensor networks [A]. Proc of the 9th ACM International Symposium on Mobile Ad hoc Networking and Computing [C]. New York：Association for Computing Machinery，2008：411 - 420.

[23] 韩志杰，吴志斌，王汝传，孙力娟，肖甫. 新的无线传感器网络覆盖控制算法 [J]. 通信学报，2011，10 (32)：1 - 10.

[24] 刘四清，田力. 计算机网络实用教程——技术基础与实践 [M]. 北京：清华大学出版社，2005.

[25] 杨玺. 面向实时监测的无线传感器网络 [M]. 北京：人民邮电出版社，2010.

[26] 李智宇，史浩山. 基于 ATmega128L 的无线传感器节点设计与实现 [J]. 计算机工程与应用，2006，3 (27)：1 - 3.

[27] 徐勇军，安竹林，蒋文丰，姜鹏. 无线传感器网络实验教程 [M]. 北京：北京理工大学出版社，2007.

[28] 董军涛. 无线传感器网络节点的设计 [D]. 西安：西安理工大学，2010.

[29] 李晓维，徐勇军，任丰原. 无线传感器网络技术 [M]. 北京：北京理工大学出版社，2007.

[30] Ye W，Hei demann J，Estrin D. An energy - efficient MAC protocol for wireless sensor networks [C]. Proceedings IEEE INFOCOM 2002：21st Annual Joint Conference of the IEEE Computer and Communications Societies. New York，2002.

[31] Wei Ye，John Heidemann，Deborah Estrin. Medium access control with coordinated，adaptive sleeping for wireless sensor networks [J] ACM/IEEE Transactions on Networking，2004，12 (3)：493 - 506.

[32] 古连华，程良伦. Eμ - MAC：一种高效的混合型无线传感器网络 MAC 协议 [J]. 计算机应用研究，2009，4 (26)：1 - 4.

[33] 古连华，程良伦. Aμ - MAC：一种自适应的无线传感器网络 MAC 协议 [J]. 自动化学报，2010，1 (36)：1 - 5.

[34] Srinivasa Reddy Kasu，Santosh Kumar Bellana，Chiranjeev Kumar. A Binary Countdown Medium Access Control Protocol Scheme for Wwireless Sensor Networks [C]. Proceedings 10th International Conference on Information Technology，2007.

[35] 杨武，史浩山，杨俊刚，王庆文. 无线传感器网络中 SMAC 协议的改进与仿真 [J]. 传感器与微系统，2010，7 (29)：1 - 3.

[36] 朱颖，夏海轮，武穆清. 一种最小竞争窗口自适应调整的 802.11 退避算法 [J]. 电子与信息学报，2008，4 (30)：1 - 4.

[37] 柯志亨，程荣祥，邓德隽. NS2 仿真实验：多媒体和无线网络通信 [M]. 北京：电子工业出版社，2009.

[38] 方路平，刘世华，陈盼，郭笋，陈小乐. NS - 2 网络模拟基础与应用 [M]. 北京：国防工业出版社，2008.

[39] The global mobile information systems simulation library (GloMoSim) [EB/OL]. http：//pcs. cs. ucal. edu/projects/glomosim.

[40] Scalable Network Technologies [EB/OL]. [2005 - 03 - 10]. http：//www/qualnet. com.

[41] Robert B. Murry. C++Strategies and Tactics [M]. New Jersey：Addison - Wesley，1993.

[42] David Wetherall and Christopher J. Lindblad. Extending Tcl for Dynamic Object - Oriented Programming [EB/OL]. http：//www. usenix. org.

[43] 李云鹏，徐昌彪，刘琳. 无线传感器网络中一种竞争窗口自适应 MAC 协议 [J]. 传感器与微

系统，2010，1（29）：1-3.

[44] Demirkol I，Ersoy C. MAC Protocols for Wireless Sensor Networks ［J］. A survey Communications Magazine，IEEE，2006（8）：115-121.

[45] 王结太，于海勋. 无线传感器网络 MAC 层能耗与时延的权衡 ［J］. 计算机仿真，2008，4（25）：1-4.

[46] Wei Ye，John Heidemann Medium Access Control in Wireless Sensor Networks ［R］. USC/ISI Technical Reprot ISI-TR-580，October 2003.

[47] 崔玉静，李森焱. 发展高效节水农业必要性分析 ［J］. 山西水利，2005，6：43-44.

[48] 姜训宇，段生梅，母利. 节水灌溉自动化技术的发展及前景分析 ［J］. 安徽农学通报，2011，17（15）：207-208.

[49] 徐飞鹏，李云开，杨培岭，雷振东，谭炳芳. 节水灌溉自动化控制系统的研究现状与发展趋势 ［C］. 国际农业论谈——2005 北京都市农业工程科技创新与发展国际研讨会系统，2005，9：43-47.

[50] 蔡林骥，李清宝. RTX51 嵌入式实时操作系统分析 ［J］. 计算机应用与软件，2005，6（22）：90-92.

[51] 杨欣馨，康会峰，黄新春，刘志宾. 基于嵌入式系统的农业节水灌溉系统的应用研究 ［J］. 安徽农业科学，2009，35（6）：2793-2794.

[52] 李加念，洪添胜，卢加纳，岳学军，冯瑞珏. 柑橘园低功耗滴灌控制器的设计与实现 ［J］. 农业工程学报，2011（7）：134-138.

[53] 姜训宇，段生梅，母利. 节水灌溉自动化技术的发展及前景分析 ［J］. 安徽农学通报，2011，17（15）：207-208.

[54] 赵志宏，李小珉，陈冬. 基于 C8051F 系列单片机的低功耗设计 ［J］. 单片机与嵌入式系统应用，2006，（8）：9-10.

[55] 苏林，袁寿其，张兵，孙阳. 基于 ARM7 的智能灌溉模糊控制系统 ［J］. 中国农村水利水电，2007（12）：28-30.

[56] 亢海伟，杨庆芬，王硕禾. 基于 MATLAB 模糊逻辑工具箱的模糊控制系统仿真 ［J］. 电子技术应用，2002（2）：43-44.

[57] 周丽梅，薛钰芝，林纪宁，董刚. 小型太阳能光伏发电系统的实现 ［J］. 大连铁道学院学报，2006，27（1）：94-96.

[58] 郑淑慧. 太阳能供电录井数据采集与无线传输系统的研究 ［D］. 青岛：中国石油大学（华东），2008.

[59] 刘玉宏. KEIL RTX51 TINY 内核的分析与应用 ［J］. 单片机与嵌入式系统应用，2003（10）：23-25.

[60] 夏玮，李朝晖，常春藤. MATLAB 控制系统仿真与实例详解 ［M］. 北京：人民邮电出版社，2008.11.

[61] 郭正琴，王一鸣等. 基于模糊控制的智能灌溉控制系统 ［J］. 农机化研究，2006（12）：103-105.

[62] 崔天时，杨广林等. 基于模糊控制的温室灌溉控制系统的研究 ［J］. 农机化研究，2010（3）：84-86.

[63] 张社奇，刘淑明等. 改变喷头喷洒轨迹的力学途径 ［J］. 西北农林科技大学学报（自然科学版），2001，29（4）：118-121.

[64] 韩文霆，吴普特，冯浩等. 方形喷洒域变量施水精确灌溉喷头实现理论研究 ［J］. 干旱地区农业研究，2003，21（2）：105-107.

[65] 恺肇乾. 嵌入式系统硬件体系设计 ［M］. 北京：北京航空航天大学出版社，2007.

［66］ 张子红. Altium Designer 6.6 电路原理图与电路板设计教程［M］. 北京：海洋出版社，2009.

［67］ 王小科，王军，赵会东. C♯编程宝典［M］. 北京：人民邮电出版社，2011.

［68］ 曾光奇，胡均安，王东，刘春玲. 模糊控制理论与工程应用［M］. 武汉：华中科技大学出版社，2000.

［69］ 李朝青. 单片机原理及接口技术［M］. 北京：北京航空航天大学出版社，2005.

［70］ 郭天祥. 51 单片机 C 语言教程：入门、提高、开发、拓展全攻略［M］. 北京：电子工业出版社，2009.

［71］ 李晓东. 低功耗智能灌溉控制系统的设计［D］. 太原：太原理工大学，2010.

［72］ 汪超，唐勇奇. 基于独立 C 代码的模糊控制器应用程序设计［J］. 计算机技术与发展，2009，(5)：242 - 244.

［73］ 邓中亮，肖冠兰. Windows CE 6.0 下 LCD 驱动程序移植［J］. 中国科技系统在线，2011 (1)：14 - 17.

［74］ 周勇. 公路工程质量管理系统的研究与开发［D］. 武汉：武汉理工大学，2003.

［75］ 李坤. 水利水电工程质量评定管理系统的研究与开发［D］. 成都：四川大学，2005.

［76］ 杨晓云. 天津市防洪决策支持系统的设计与实现［D］. 天津：天津大学，2006.

［77］ 王战友. 三防工程数据库系统的设计与实现［D］. 广州：华南理工大学，2004.

［78］ 刘伟. 层次分析法在工程装备的战时保障辅助决策系统中的应用［J］. 现代机械，2005，6：72 - 73.

［79］ Jaeger U，Frey tag J C. An annotated bibliography on active database［J］. SIGMOD Record，1995，24 (1)：58 - 69.

［80］ 王浩. Visual C♯. NET 网络编程案例解析［M］. 北京：清华大学出版社，2009.

［81］ 樊志平，庄育飞，潘庆浩. SQL Server 数据库的备份与恢复策略研究［J］. 数据库及信息管理，2007，24 (1)：303 - 305.

［82］ 邓文艳. SQL Server 数据库备份和还原［J］. 山西财经大学学报，2007，29 (2)：211.

［83］ 王小柯，王军等. C♯编程宝典［M］. 北京：人民邮电出版社，2011.

［84］ Hector Garcia - Molina，Jeffery D. Ullman，Jeennifer Widom. Database System Implementation［M］. New Jersey：Prentice Hall，2000.

［85］ David M. Kroenke. DATABASE PROCESSING：Fundamentals，Design & Implementation. Senventh Edition［M］. New Jersey：Prentice Hall，2000.

［86］ 萨师煊，王珊. 数据库系统概论［M］. 北京：高等教育出版社，2002.

［87］ 苗雪兰，刘瑞新，宋会群. 数据库技术及应用［M］. 北京：机械工业出版社，2005.

［88］ (美) 香克 (Jeffey D. Schank). 客户机/服务器结构与应用程序设计［M］. 罗强，肖巍，译. 北京：电子工业出版社. 1995.

［89］ (美) 伯恩 (Bourne，K. C.). 客户机/服务器系统测试［M］. 赵涛，张晓平，王虎冬译. 北京：机械工业出版社. 1998.

［90］ (美) Doreen L. Galli. 分布式操作系统原理与实践［M］. 徐良贤，等译. 北京：机械工业出版社，2003.

［91］ 徐红，叶念渝. 三层 C/S 分布式结构模型的实际应用［J］. 微型机与应用，2003，2：41 - 43.

［92］ 周广声，李新月，杨丽萍. 信息系统工程原理方法及应用［M］. 北京：清华大学出版社，1998.

［93］ Kenneth. Essentials of Management Information System［M］. New Jersey：Prentice Hall，1996.

［94］ Yandong Zhao，Chenxiang Bai. An AutomAtic Control System of Precision Irrigation for City Greenbelt［J］. IEEE Conference on Industrial Electronics and Applications，2007 (2)：2013 - 2017.

［95］ Volodymyr Pastushenko, Anastasia Stetsenko. Development, modeling and technical implemen-
tation of automated control system of soil's moistness by underground irrigation ［J］. Interna-
tional Conference on Modern Problems of Radio Engineering, 2010 (2): 33.

［96］ C C Shock, R J David, C A Shock, C A Kimberling. Precision farming: an introduction. Outlook on
Agriculture, 1994, 23 (4): 275 - 280.

［97］ V M Abreu, L S Pereira. Sprinkler Irrigation Systems Design Using ISADim ［C］. Presented at
the ASAE Annual International Meeting. Chicago, IL. 2002 (7): 27 - 31.